LUKAS SPIES

„Generation: Smartphone Millionär“

Wie Du mit Network-Marketing, dem richtigen Mindset und Social Media Deine Träume von Z bis A verwirklichst

Bibliografische Information der Deutschen Nationalbibliothek:
Die Deutsche Nationalbibliothek verzeichnet diese Publikation in der Deutschen Nationalbiografie; detaillierte bibliografische Daten sind im Internet abrufbar über
http://dnb.d-nb.de

ISBN: 978-3-941412-94-1

Impressum
Verlag:
REKRU-TIER GmbH, München

„Gib alles, erwarte nichts
und Du wirst alles bekommen!“

Lukas Spies

Am Anfang ist das Ziel: Willkommen auf Seite 156.

Hast Du schon mal ein Buch gelesen, das mit der letzten Seitenzahl anfängt und bei Seite 1 endet? Ich nicht. Für mich ist das neu. Doch ich bin offen für Neues. Wenn die Seitenzahlen in Leserichtung kleiner werden, dann lässt sich das als Countdown interpretieren. Am Ende des Buchs liegt es allein an Dir, was Du aus den Erkenntnissen machst.

Vielleicht beginnt ein neues Kapitel für Dich. Damit würdest Du auf ein greifbares Ziel hinarbeiten. Ziele und Visionen sind wichtig, um genau dort anzukommen, wo man auch hinwill. Ich selbst hatte schon immer große Ziele. Als ich noch sehr jung war und gerade begonnen hatte, bei Porsche zu arbeiten, träumte ich davon, eines Tages der CEO der Stuttgarter Sportwagenschmiede zu sein. Ich bin noch heute der festen Überzeugung, dass ich es definitiv auf den Chefsessel geschafft hätte, wenn ich weiter drangeblieben wäre. Doch stattdessen gab ich meine Arbeitsstelle nach einiger Zeit wieder auf: Ich brach meine Karriere bei Porsche ab – und für meine Eltern eine Welt zusammen. Andere Eltern können die Reaktion meiner Mutter und meines Vaters wahrscheinlich gut verstehen. Andere Visionäre hingegen können sicherlich auch meinen Antrieb gut nachvollziehen.

Ich hatte mir nämlich ein neues Ziel gesetzt. Und arbeitete – zu allem entschlossen - auf die Verwirklichung hin. Ich wollte etwas beruflich machen, wo ich mit voller Leidenschaft dabei bin, reisen, wohin ich möchte, leben, wie es mir gefällt, die Welt positiv verändern und dabei vielleicht auch das ein oder andere schnelle Auto fahren. Ich träumte davon, mir eines Tages alle meine Träume erfüllen zu können. Heute sind viele meiner damaligen Träume längst Wirklichkeit geworden. Ich darf zusammen mit einem gigantischen Team – in Größe und Güte – gemeinsame Pläne realisieren. Wir unterstützen Menschen dabei, die Welt aus neuen Perspektiven zu sehen, zu begreifen und zu erleben. Dass uns das gelingt, ist einem wichtigen Umstand geschuldet, der in der DNA eines jeden erfolgreichen Menschen besonders präsent verwurzelt ist. Die Erkenntnis, dass unser Erfolg nur möglich wird durch die kleinsten Einheiten der Kommunikation. Und das sind die 26 Buchstaben unseres Alphabets: A, B, C, D, E, F, G, H, I, J, K, L, M, N, O, P, Q, R, S, T, U, V, W, X, Y, Z. Diese unscheinbaren Kerlchen, diese 26 Buchstaben, lassen sich zu unzähligen Wörtern zusammensetzen. Aus den Wörtern werden Sätze. Und aus den Sätzen werden Stories. Die Stories entscheiden über Erfolg und Misserfolg eines jeden Menschen. Darüber, ob Du vorankommst, Dein volles Potential entfaltest, oder ein Leben lang am Boden der Tatsachen haften bleibst.

Die Buchstaben, Sätze und Stories alleine reichen aber noch nicht aus, um abzuheben und erfolgreich zu sein. Sie müssen gelenkt werden – sowohl von einem wachen Geist als auch von einer starken Persönlichkeit, die alles für möglich hält. Und genau darum geht es, diese Person zu werden. Wahrer Erfolg sind am Ende meistens nicht irgendwelche Dinge, sondern die Person, zu der man sich auf dem Weg entwickelt. Als ich am 13. Mai 1993 auf die Welt kam, war ich definitiv noch weit davon entfernt so eine Person zu werden. Meine Eltern waren nicht die Jüngsten, als sie mich bekamen. Meine Mutter war 35 Jahre und mein Papa war schon fast 42. Ich erblickte das Licht der Welt in einem Anthroposophen-Krankenhaus in Filderstadt (*Allen, denen der Begriff der Anthroposophie neu ist: Grob gesagt, stellt dieser Wissenschaftszweig die „Weisheit des Menschen" in den Vordergrund. Man kann sagen, dass es in solchen Krankenhäusern etwas esoterisch zugeht. Es handelt sich um eine Art „Waldorf-Krankenhaus", in dem die alternative Medizin zuhause ist.*).

Das Erste, an das ich mich so richtig bewusst nach meiner Geburt erinnere, ist, dass ich in meiner Kindheit immer extrem wild war, offen und neugierig. Ich wollte immer alles ganz genau wissen. Ein kleiner blonder Junge, mit großen blauen Augen. Nicht hyperaktiv, aber äußerst aktiv, würde ich sagen. Ich war mutig und wollte immer neue Sachen ausprobieren. So richtig fängt die Zeitschnur bei mir dann aber in der ersten Klasse an. Ich war, soweit ich mich erinnern kann, immer happy und gutgelaunt. Ich war und bin auch heute noch sehr zuversichtlich (*Na klar hatte auch ich ein paar Breakdowns in meinem Leben – aber wer hat die nicht in seiner Entwicklung?*). Ich glaube, mit meiner Erscheinung repräsentiere ich sehr gut mein Sternzeichen Stier – freiheitsliebend, gesellig und bindungsstark. Ich bin, was Sternzeichen angeht, tatsächlich sogar ein wenig abergläubisch unterwegs. Und es trifft hier und da natürlich auch zu, dass ich als Stier auf „stur" stellen kann. Besonders dann ganz gewaltig, wenn ich mir zu einhundert Prozent sicher bin, dass ich recht habe, aber das von der Außenwelt angezweifelt wird. Dazu kommt noch, dass ich auch manchmal ein wenig jähzornig sein kann. Meistens kommt das vor, wenn ich Ungerechtigkeit empfinde. Gerechtigkeit ist für mich nun mal einer meiner wichtigsten Werte im Leben. Ansonsten muss ich sagen, bin ich eher jemand, der gut und gerne zuhört und lernt – von Menschen ganz gleich welchen Alters und welcher Herkunft. Wenn jemand zu einem Thema eine viel bessere Beziehung hat als ich, dann halte ich mich zurück und bin der Schüler: Always be a student.

„Stiere wollen und können schnelle Veränderung nicht annehmen und sind eher diejenigen, die mit der Auffassungsgabe zurückliegen". Diese Charakterisierung, die man überall nachlesen kann, trifft bei mir überhaupt nicht zu. Eigentlich empfinde ich sie als richtig lustig. Bei mir ist eher das Gegenteil der Fall: Stillstand ist Rückschritt für mich. Ich muss immer in Bewegung sein – wirklich immer. Vielleicht ändert sich das, wenn ich irgendwann mal zehn Kinder habe. Es ist immer Dampf auf dem Kessel und es darf immer gerne auch Neues in mein Leben treten. Nur wenn ich meine eigenen

Ketten sprenge und die Grenzen immer wieder überschreite, fühle ich mich wohl. Ich bin fest davon überzeugt, dass Glück und Glücklichsein viel mit stetigem Wachstum zu tun hat. Versteh' mich nicht falsch, es gibt mit Sicherheit Phasen im Leben, in denen andere Dinge wichtig sind. Es kommt nicht darauf an, nur 24/7 für den geschäftlichen Erfolg zu arbeiten. Auch Wachstum in Beziehung und Familie ist wichtig. Aus diesem Grund schreibe ich auch dieses Buch. Es soll Dich motivieren und inspirieren zu Dir selbst zu finden. Es soll Dich aber auch anleiten, zu Deiner eigenen Story zu finden. Nur mit Deiner Story – authentisch vorgetragen – wirst Du andere von Dir überzeugen. Und wenn Du etwas erreichen möchtest, musst Du überzeugen können. Ich zeige Dir, wie das geht. Ich erzähle Dir Passagen aus meinem Leben und erkläre, wie ich die Welt sehe und verstehe.

Zwar habe ich altersmäßig gerade mal mein erstes Vierteljahrhundert irdischen Lebens überschritten, trotzdem konnte ich bereits mit meinem Team gemeinsam eine weltweite Organisation aus hunderttausenden von Kunden und Partnern aufbauen. Diese Feststellung lasse ich hier nebensächlich fallen, weil es Menschen gibt, die andere am Erfolg ihrer Zahlen messen. Für mich sind Zahlen nur Zahlen. Stattdessen finde ich den Impact inspirierend und den Mehrwert, mit denen man andere Menschen positiv beeinflusst. Finanzieller Erfolg macht Spaß und ist wichtig. Finanzieller Erfolg allein ist jedoch auch nicht alles. Der Reichtum fängt mit dem Begreifen der wahren Werte an. Mit Liebe, Zusammenhalt, Dankbarkeit, Vertrauen und Hilfsbereitschaft. Wenn der Rahmen stimmt, kommt alles andere von allein. Ich freue mich, dass Du Dir die Zeit nimmst, meine Geschichte zu lesen und wünsche Dir ganz viel Spaß dabei.

Dein

Lukas Spies

Z wie Ziele

Ich wurde einmal gefragt: Wenn Du Dir von Deinen Partnern drei Eigenschaften aussuchen könntest, die Deiner Meinung nach unverzichtbar sind, um erfolgreich zu werden, welche wären das?

Da wäre zunächst eine Schweizer Teampartnerin. Sie hat komplett mein französischsprachiges Business aufgebaut, spricht gefühlt hundert Sprachen, ist unglaublich fleißig und extrem strukturiert. Und das zahlt sich auch aus. Vor Menschen die fleißig sind, keine großen Reden schwingen und einfach nur tun, habe ich unglaublichen Respekt. Fleiß ist leise, braucht nicht viele Worte trägt, aber die meisten Früchte. Ich kenne kaum Menschen, die so fleißig sind wie sie. Wenn man wirklich unterm Strich schaut was den wahren Unterschied macht – wenn es um Erfolg und Misserfolg geht - dann ist es Fleiß. Aus diesem Grund ist sie auch die erfolgreichste Vertriebspartnerin in meinem Team.

Dann gibt es noch eine weitere Teampartnerin, deren Fähigkeit mich extrem fasziniert. Sie ist der totale Menschenliebhaber. Sie blüht dann auf, wenn sie eine Community um sich herum hat – sie will mit Leuten zusammen sein und die Leute fühlen sich von ihr angezogen. Egal, mit wem sie redet, sie ist immer nett und ein absoluter Magnet. Ich bewundere sie dafür, da diese Eigenschaft nicht zu den Grundzügen meines Charakters gehört. Aber nett zu sein reicht natürlich nicht aus, um erfolgreich zu sein. Um etwas zu verändern, benötigt es vor allen Dingen eins: Verlangen. Wie sonst wäre es zu erklären, dass die ehemalige Verkäuferin aus Brüssel ihre Lebenssituation innerhalb von zwei Jahren um 180 Grad drehte? Gemeinsam mit ihrem Freund, der seinen Lebensunterhalt als Baggerfahrer bestritt, lebte sie jahrelang in einer 40-Quadratmeter-Wohnung – immer am Existenzminimum und chronisch pleite.

Im 2. Geschäftsjahr brachten die beiden es zusammen auf stattliche 300.000 Euro Verdienst. In Worten: Dreihunderttausend (*Ohne BWL-Studium oder sonstige nennenswerte Business-Erfahrungen, nur mit Network-Marketing*). Die Summe ist an dieser Stelle eher sekundär. Wirklich spannend ist die Tatsache, dass sie etwas geschafft haben, was viele für unmöglich hielten. Kennst Du folgenden Spruch? Es ist immer so lange unmöglich, bis jemand kommt und es einfach macht. Wie das gelang? Sie hatten Ziele. Aber Ziele allein reichen eben auch nicht. Sie hatten zusätzlich noch so ein unbändiges Verlangen, dass sie dazu gebracht hat, alles zu tun, was nötig war. Lass' mich an dieser Stelle ganz klar sagen, dass dieses Ergebnis untypisch und eine absolute Ausnahme ist. Meine eigene Entwicklung in diesem Business sah dagegen ganz anders aus. Darauf gehe ich im Weiteren noch genauer ein.

Bis spät in die Nacht visualisierten wir gemeinsam Bilder unserer Zukunft. Wir sprachen über und träumten uns in das Leben, das wir eines Tages leben wollten. Ich erinnere mich noch sehr genau daran, dass die beiden fähig waren, mit geschlossenen Augen ein exaktes Bild von ihrer Zukunft zu zeichnen. Sie sahen ihr Traumhaus, fuhren ihr Traumauto, bereisten die Welt und taten wohltätige Dinge.

Gedanken sind real. Wenn wir etwas denken oder visualisieren, bekommt das Universum davon etwas mit und gibt Dir Möglichkeiten, wie Du diesen Gedanken Realität werden lassen kannst.

Tja, und dann wäre da noch ein guter Freund – ebenfalls einer meiner erfolgreichsten Vertriebspartner. Er ist ungemein lernbereit und willig, sich zu entwickeln – was ich ihm und andere, die dort sind, wo er hinmöchte, vorleben, setzt er um. Es ist wichtig für Networker zu verstehen, dass Mentorship bedeutet, sich Unterstützung zu holen, wenn es irgendwo hakt. Und sich gleichzeitig darauf zu konzentrieren, kleine Herausforderungen selbst zu lösen und Ansätze zu finden.

Ziele zu definieren bedeutet auch zu wissen, was man nicht mehr machen möchte. Eine kurze Rückblende. Ich liebe die Automarke Porsche. Es ist mein absolutes Lieblingsauto – damals wie heute auch noch. Ich verbinde damit einfach viele Emotionen: Freiheit, Aggressivität, Schnelligkeit. Porsche steht für mich für die absolute Selbstverwirklichung. Für Lokalpatriotismus sowieso, denn ich bin im Stuttgarter Raum groß geworden. Kein Wunder also, dass ich meine kaufmännische Ausbildung bei Porsche angefangen habe. Ich wollte alles wissen. Ich lernte alle möglichen Bereiche kennen – anfangs die Disposition und den Einkauf. Doch schon bald stellte ich fest, dass ich als Auszubildender noch nicht befähigt war, richtig in die Arbeit einzusteigen. Schauen, verstehen und lernen, ohne wirklich selbst etwas zu bewegen, bedeutete in meiner Wahrnehmung nach wenigen Wochen Langeweile. Es ging mir nicht schnell genug. Ich wollte selbst aktiv werden, machen, Hand anlegen. Doch stattdessen füllten mich die Aufgaben, die ich übertragen bekam, nicht aus. Aus heutiger Sicht würde ich sagen, dass meine Erwartungshaltung auch drastisch überzogen war.

Doch dann kam die Erlösung: Eines Tages wechselte ich innerhalb des Unternehmens ins Baumanagement. Der Verantwortliche war ein unglaublich dynamischer Ingenieur, etwa 30 Jahre alt. Ich verstand mich auf Anhieb sehr gut mit ihm. Er hatte Drive – ein großer Vorteil, wenn man bei Porsche arbeitet – und seine Leidenschaft hat mich sofort inspiriert und mitgerissen. Alles was für ihn zählte, war Einsatzbereitschaft und Engagement. Das war genau mein Ding – es passte perfekt. Wir arbeiteten an einem Automatisierungsprojekt, zusammen mit zwei anderen Mitarbeitern und gaben dabei ein ziemlich produktives Team ab. Ich war komplett im Flow, wahnsinnig fasziniert und hatte das Gefühl, als Teil des Teams auch wirklich an etwas Bedeutsamem mitzuwirken. Selbst nach Feierabend hatte ich ständig neue Ideen, die ich am nächsten Tag direkt mit einbrachte. Was für ein Spaß. Ich brannte vor Leidenschaft und es hätte noch viele Jahre so weitergehen können. Durch das Projekt fühlte ich mich wirklich ernstgenommen. Zeit spielte für mich überhaupt keine Rolle. Manchmal war es 19.30 oder 20 Uhr als ich ausstempelte. Mir war das völlig egal. Ich hatte es nicht eilig, nach Hause zu gehen. Bis zum besagten Tag, der meine Einstellung zur klassischen Arbeitswelt völlig veränderte, als mein Vorgesetzter zu mir kam und meinte: „Lukas, ich habe einen Anruf von der Ausbildungsleitung und der Gewerkschaft bekommen. Du musst ab jetzt immer um 18 Uhr gehen, denn laut Deines Ausbildungsvertrages und des Arbeitsschutzgesetzes darfst Du als Azubi nicht länger als die vorgeschriebene Zeit bei uns arbeiten."

Boooom. Die Aussage traf mich wie ein Schlag. Ich hatte so viel Spaß bei der Arbeit, konnte meiner Kreativität freien Lauf lassen, hatte das Gefühl, gebraucht zu werden und etwas Bedeutsames zu machen. Und nun sollte das zeitlich eingegrenzt werden? Ich verstand die Welt nicht mehr und war extrem niedergeschlagen. Gleichzeitig wusste ich, dass ich in diesem Unternehmen wahrscheinlich nicht alt werden würde. Ich war mehr als bereit, die Extrameile zu gehen, bereit, mehr zu tun, als von mir erwartet wurde. Aber das war gesetzlich nicht zulässig. Verrückte Welt in meinen Augen.

Heute bin ich unglaublich dankbar für diese Limitierung. Denn sie hat meinen Wunsch nach Freiheit geprägt und mich dafür geöffnet, den Dingen nachzugehen, die besser zu mir passen.

Nachdem ich also vier Monate bei Porsche gearbeitet hatte passierte etwas, dass ich bereits sehr häufig erlebt hatte: Der anfängliche Rausch und die Begeisterung verblassten. Vielleicht kennst Du das Gefühl: Ein Umzug steht an oder ein neuer Job, Du kommst in eine neue Klasse in der Schule und stehst davor neue Leute kennenzulernen – Du bist total excited, freust Dich irgendwie auf das Neue und hast ein positives Gefühl. Aber dann ganz plötzlich, nach einiger Zeit, ist von diesen anfänglichen Gefühlen nichts mehr da, weil irgendwie doch alles so ist wie immer. Warum hat man überhaupt diese Begeisterung? Ganz einfach: Weil man sich innerlich sehnsüchtig wünscht, aus der Routine auszubrechen und hofft, dass der graue Alltag plötzlich bunt wird. Aber für die meisten Menschen wird alles Bunte irgendwann grau. So war es anfangs bei mir auch: bunt, farbenfroh und spannend. Doch irgendwann stellte sich dann die Routine ein. Zunächst dachte ich, dass dort alles anders wäre, als in den Jobs die ich zuvor gemacht habe, dass ich meine Leidenschaft entdecke, jeder Tag ein Abenteuer werden würde und ich dort Traumkarriere machen kann. Doch die Ernüchterung ließ nicht allzu lange auf sich warten. Ich war und blieb ein ganz kleines Zahnrad in einer riesigen Maschinerie.

Plötzlich erkannte ich überall um mich herum und in der ganzen Stadt, was mir missfiel. Typische Routine. Menschen, die nicht gerne zur Arbeit gehen, für die sich der Anfang der Woche wie das Ende aller Tage anfühlt. Egal, wohin man sah. Plötzlich sah ich überall nur noch in unzufriedene Gesichter. Und das, obwohl ich immer extrem positiv, zuversichtlich und vor allem spontan war. Ja, ich konnte mich schon immer mühelos auf ungewohnte Situationen einstellen. Ein Fingerschnipp und ich komme in neuen Umgebungen an. Für mich haben Grenzen im Kopf keinen Platz. Barrierefreies Denken und Handeln bedeutet Freiheit. Und Freiheit ist, was ich liebe.

Bald schon sollte sich die Gelegenheit ergeben, meine Stärken auszuspielen: Ein sehr guter Freund erzählte mir und einigen anderen Freunden eines abends und völlig aus dem Nichts, dass ihm ein Bekannter von einem extrem spannenden Projekt erzählt habe. Es ging dabei um Fitness-Produkte, die es davor so noch nicht auf dem Markt gab. Irgendwie sollen Engländer mit ihnen erfolgreich geworden sein. Ich verstand nur Bahnhof. Was ich aber interessant fand: Mein Freund, der ansonsten sehr introvertiert ist, sprach mit einer Begeisterung von der ganzen Sache, die ich davor nur selten bei ihm erlebt hatte. Tatsächlich sprudelte er nur so vor sich hin. Er sagte, dass er auf jeden Fall dieses Projekt starten würde. Auf genaue Nachfragen, was es denn jetzt damit auf sich habe, sagte er nur: „Ich kann das nicht genau erklären, weil ich es selbst erst einmal gehört habe. Aber die Person, die mir das Ganze gezeigt hat, kann es Euch genauer erklären."

Ich gebe zu, dass ich nicht sofort hundertprozentig Feuer und Flamme war. Doch die Tatsache, dass ich mich zu der Zeit sehr für Fitness und Ernährung interessierte und weil er so begeistert von der Sache war (*obwohl er sie anscheinend selbst nicht wirklich verstanden hatte*), hatte meine Neugier geweckt. Drei von uns sagten einem Treffen mit dem Bekannten unseres Freundes zu. Und dann war er da – Tag X – der Tag, der alles verändern sollte.

Du wirst gleich lachen, wenn ich Dir erzähle, wo die ominöse Präsentation des Gesundheitsbusiness stattgefunden hat: Im Café der bekannten Fast-Food-Kette mit dem goldenen M. Spätestens jetzt hatte mein Skepsis-Level 100 Prozent erreicht. Es stellte sich heraus, dass der Grund dieser Location der freie Internetzugang war, der benötigt wurde, um über das iPad die Präsentation abzuhalten. Wir nahmen also Platz. Der Bekannte meines Freundes stellte sich kurz vor und erzählte seine Geschichte: „Ich habe letztes Jahr mein Studium der Unternehmensführung für ein StartUp abgebrochen. Dieses StartUp haben mein Partner und ich dann gegen die Wand gefahren und haben 30.000 Euro Schulden damit gemacht. Zurzeit habe ich zwei Nebenjobs im Fitnessstudio und als Kellner. Aber mit dem Projekt, dass ich Euch gleich zeigen werde, werde ich in einem Jahr Millionär sein, in die Schweiz ziehen, einen AMG fahren und in Südamerika und Südafrika Kinderheime aufbauen. Mein Ziel ist es, finanziell frei zu sein und viel Gutes zu tun, um die Welt ein Stückchen besser zu machen".

Wow. Vielleicht war der Anfang der Geschichte, die mir gerade erzählt wurde, nicht besonders rosig und man könnte meinen, er hätte mir von seinem Versagen nicht erzählen sollen. Und vielleicht hatte mein Freund davor auch einiges falsch gemacht, indem er uns verwirrende Dinge erzählte. Vielleicht war auch das Etablissement, in dem wir gerade saßen, nicht das Richtige. Aber trotzdem: Irgendwas in mir wurde gerade ausgelöst. Mitten ins Schwarze getroffen. Es ging mir nicht mal um den finanziellen Erfolg, oder um das Auto, dass er sich selbst versprach, sondern darum, daraus etwas machen zu wollen, anderen zu helfen – um diesen Vibe, der darin mitschwang. Die Story der Selbstverwirklichung zog mich in ihren Bann. Ich hatte das erste Mal das Gefühl, einen Menschen getroffen zu haben der genauso tickt wie ich. Der die gleichen Träume und Ziele im Leben hat wie ich. Der einzige kleine, aber feine Unterschied war: Er WUSSTE wie er dorthinkommen würde. Er hatte den Plan, er hatte das Vehikel, nach dem ich mein ganzes Leben gesucht hatte. Es wäre mir egal gewesen, was er mir danach erzählen würde. Für mich stand fest, ich bin dabei. Na gut, ich wäre nicht bei allem dabei gewesen, aber bei vielem. Zum Glück hat es sich für mich als die transparenteste und fairste Geschäftsmöglichkeit herausgestellt, die ich jemals kennengelernt habe. Er eröffnete mir, dass es darum geht, irgendwelche Shakes zu verkaufen. Irgendetwas mit einem Team und Geld verdienen.

Es war zwar im ersten Moment noch nicht so richtig schlüssig, aber ich war auf jeden Fall auch von dem Fakt begeistert, dass es eine Möglichkeit gibt, sich ein passives Einkommen aufzubauen, was bedeutet, dass man Geld verdient – auch, wenn man gerade nicht dafür arbeitet. Er erklärte mir das Ganze anhand des Beispiels, dass man ja auch Mieteinnahmen von einer Eigentumswohnung bekommt, die man besitzt und vermietet – selbst wenn man im Urlaub ist. Für mich machte das absoluten Sinn. Doch wie viele der Anfang 20-Jährigen haben die Möglichkeit, sich mit Immobilien ein solches passives Einkommen aufzubauen? Den meisten fehlen die finanziellen Mittel dafür. Ich wusste zu diesem Zeitpunkt nicht wirklich, was Network-Marketing ist – aber ich war bereit zu lernen.

Shakes, Obst, Gemüse und Vitamine sollten mir also dabei helfen, mein Traumleben aufzubauen. Das konnte ja heiter werden. Auch, wenn sich mir das Thema Duplikation nicht sofort erschloss, verstand ich grundsätzlich recht schnell, dass sich mit den gebotenen Strukturen Geld verdienen ließ. Ich wollte Spaß, Freiheit, Unabhängigkeit, Selbstverwirklichung und einen positiven Beitrag leisten. Und hier kam meine Chance dazu.

Natürlich hat es mit dem AMG und der Million nicht im ersten Jahr geklappt. Auch 365 Tage später hatte ich immer noch kein Auto und auch er wohnte noch bei seinen Eltern. Denn es gibt keinen „Overnight Success". Es dauerte stattliche vier Jahre, bis sich der angestrebte Erfolg in einer Dimension einstellte, wie wir es uns damals vorstellten – inklusive der sozialen Projekte in den Dritte-Welt-Ländern. Letztgenanntes ist sowieso eines der größten Ziele und Antriebe für mich und macht mich heute sehr, sehr glücklich.

Y wie Young Generation

Ich bin ein Adrenalinjunkie. Es macht mir Spaß aus Flugzeugen zu springen, Skydiving, Bungee-Jumping in Südafrika, Helikopter-Snowboarden. Doch das alles ist noch nichts gegen meinen größten Wunsch: Ich möchte auf jeden Fall ins Weltall. Ganz sicher - wenn ich das Know-how hätte und das Training, dann würde ich machen, was Felix Baumgartner als erster Mensch absolvierte: Den Sprung aus der Stratosphäre. Gerne darfs auch noch höher hinaus gehen: Erdumrundung, Besuch auf dem Mond. Ich kann Dir nicht sagen warum das so ist. Irgendetwas in mir schreit danach, zu erleben, was diese Welt zu bieten hat. Dabei geht es nicht nur um den Konsum dieser Dinge, sondern um das bewusste Erleben.

Meine Eltern erzählten mir erst neulich wieder eine Story, die sie mir schon oft erzählt haben und die zeigt, dass es in meiner Welt auch schon als Kind kaum Grenzen gab: Wir waren damals – so wie eigentlich immer mit unserem Wohnwagen – im Urlaub in Italien auf einem Campingplatz. Ich knüpfte schnell Kontakte zu anderen Jungs, die schon 12 oder 13 waren - und damit doppelt so alt wie ich. Ich gesellte mich schon immer gerne zu Älteren, weil man von ihnen lernen kann – und das finde ich gut.

Irgendwann hatten sie die Idee, über den See zu schwimmen. Für mich war es selbstverständlich, sie dabei zu begleiten. Dass ich als Sechsjähriger, vielleicht war ich auch erst fünf Jahre, recht klein und schmächtig und des Schwimmens noch nicht richtig mächtig war, tat nichts zur Sache. Schließlich hatte ich ja meine Schwimmhilfe in der Form eines Schwimmgürtels dabei. Mein Vater achtete stets darauf, dass ich sie trug und ich war mir sicher, dass mir damit nichts passieren könnte (*Meine Eltern und ich hatten einen Deal und zwar hieß dieser „Regel Nr. 1“: Immer Schwimmhilfe tragen. Ich hatte kein Problem damit, da ich wusste, wie wichtig ihnen das war*). Die älteren Jungs sprangen also ins klare Wasser und ich mit meinem Schwimmgürtel hinterher. Nach einiger Zeit war ich 150 bis 200 Meter weit vom Ufer entfernt und paddelte dort sehr entspannt mit meiner Schwimmhilfe weiter meinem Ziel entgegen, als mein Vater mich plötzlich dort draußen entdeckte. Ihm stockte der Atem. Sofort sprang er ins Wasser und schwamm aus Leibeskräften, bis er mich eingeholt hatte und kaum die Puste hatte, um etwas herauszubringen. Er hatte panische Angst um mich. Und Klein-Lukas? „Papa, reg‘ Dich nicht auf. Ich habe mich an Regel Nr.1 gehalten und trage doch meinen Schwimmgürtel.“

Auch heute sorgen sich meine Eltern noch immer um mich. Besonders meine Mutter. Als ich ihr erzählt habe, dass ich nun ein Buch schreibe, hat sie fast einen Nervenzusammenbruch bekommen. Sie sagt immer, ich sei ihr Adrenalinkind. Ich bin ständig unterwegs, immer on fire und meine Mutter bekommt das mit. Sie hat einen Fake-Account auf Facebook, wo ich ihr einziger Freund bin, weil Social Media nicht ihr Thema ist. Und dann ruft sie mich an und sagt: „Lukas, was machst Du denn jetzt schon wieder?“ Mit der Geschwindigkeit kommt sie nicht so richtig mit. Das alles ist ja auch eine Frage der Zeit. Ich bin gespannt, ob ich später selbst noch mitkomme, wenn meine Kinder ihre Geschwindigkeit vorlegen.

Warum erzähle ich Dir das alles? Weil ich glaube, dass in dieser Geschichte einiges steckt, mit dem sich viele Leser identifizieren können. Und dabei richtet sich dieses Buch nicht an eine spezielle Alterszielgruppe. Ich bin mir aber sicher, dass Menschen ab der Generation Y die größten Mehrwerte mitnehmen werden. Dabei ist egal, ob man Generation Y by choice oder Generation Y by age ist, wie man auf Englisch so schön sagen würde.

Was genau ist jetzt aber die Generation Y - die sogenannten Millenials? In Bezug auf das Alter sprechen wir hier über die Menschen die zwischen 1980 und den späten Neunzigern geboren wurden. Natürlich zählt die Generation Z, alle die nach 1995 geboren wurden ebenfalls zu denen, die sich sehr gut mit diesem Buch identifizieren können, da die Arbeitsvorstellung und viele Werte denen der Millenials entsprechen. Ich werde am Beispiel der Generation Y erklären was ich damit meine, da ich selbst dazu gehöre. Eine andere Bezeichnung die man oft hört sind sogenannte Digital Natives.

Was hat das mit „Smartphone Millionär“ zu tun? Im Grunde sind es für mich zwei Dinge. Zum einen eine grundsätzliche Weltvorstellung (*Wertevorstellung und was der Sinn im Leben ist*) und zum anderen eine bis dahin nicht dagewesene Arbeitsvorstellung. Schauen wir uns mal an, was für die Generation meiner Eltern wichtig war. Da gab es vor allen Dingen eines und das war Sicherheit. Ein festes Einkommen, ein sicherer Arbeitsplatz, die Möglichkeit auf eine sichere Altersvorsorge, ein Dach über dem Kopf und eine (*am besten akademische*) Ausbildung für ihre Kinder. Zumindest ist das mein Empfinden – auch, wenn ich kein Generationenforscher bin.

Ich habe das Gefühl, für diese Generation war der Tag ganz klar in zwei Abschnitte unterteilt: Arbeit und Privatleben. Und dazwischen lag eine strikte Trennung. Die Arbeit war dazu da, um Geld zu verdienen. Ob sie viel Spaß gemacht hat oder nicht, war unwichtig. Die Arbeit war Mittel zum Zweck. Für viele vielleicht sogar ein notwendiges Übel. Nach dem Feierabend hatte die Arbeit daheim nichts zu suchen und im Urlaub sowieso nicht. Montag war ganz klar der schlimmste Tag der Woche und das Wochenende heilig. Selbstverwirklichung und Individualismus gehörten dabei nicht zu den obersten Prioritäten.

Natürlich möchte ich hier nicht alle über einen Kamm scheren, aber ich denke auf die breite Masse trifft meine Einschätzung ziemlich gut zu.

Wie sieht es nun auf der anderen Seite mit der Generation Y aus? Ich denke an Sinnhaftigkeit, Transparenz, persönliche Entfaltung, Wertschätzung und Freiheit. Eine Frage, die ich sehr gerne bei Events stelle ist: „Wer von Euch wusste nach dem Schulabschluss nicht genau, was er beruflich machen sollte?“ Meistens heben 95 Prozent der Leute die Hände. Viele von ihnen haben in dieser Zeit die „First Life Crisis“ durchgemacht, die ich spaßeshalber so als Pendant zur „Midlife Crisis“ nenne. Die Frage nach dem Sinn und was man tatsächlich gerne mit dem eigenen Leben anfangen möchte. Was die eigene Leidenschaft ist. Ich denke, in den früheren Generationen war das Thema nicht so wichtig. Arbeit war eben Arbeit. Doch heute sieht das anders aus. Die meisten der Anfang bis Mitte 20-Jährigen fühlen sich durch das unglaublich große Angebot an Ausbildungen, Studiengängen und Berufen erschlagen und befinden sich nach dem Ende der Schule in einem Loch – wissen nicht wohin mit sich. Den Grund für dieses „Luxusproblem“ heutzutage sehe ich darin, dass wir – zumindest im westlichen Europa – in einem extremen Überfluss leben. Es gibt staatliche Absicherung und die Wirtschaft floriert weitestgehend. Genau deshalb kann es sich die Generation Y überhaupt erlauben, solche Ansprüche und Anforderungen zu stellen, einen Beruf machen zu wollen, der sie erfüllt, wo sie das Gefühl haben, etwas zu bewegen, der ihnen Spaß macht, sie ausreichend Anerkennung bekommen und trotzdem genügend Zeit für die Familie bleibt – durch Homeoffice, Teilzeitmodelle und so weiter. Sich auszusuchen, wann man arbeitet, wo man arbeitet und mit wem man arbeitet, geht nicht, sagen die einen. Ich halte es für unsinnig, anzunehmen, dass unsere Generation lethargisch, bequem und unmotiviert ist. Ein Gen-Yler, der inspiriert ist und seine Leidenschaft gefunden hat, ist bereit, härter und fleißiger zu arbeiten als jeder andere.

Ich erinnere mich gerne zurück, als ich mit der Schule fertig war. Ich durchsuchte ein Studienportal und machte einen Test, der dazu dienen sollte, anhand von Antworten zu bestimmten Fragen eine

Empfehlung zu bekommen, was man studieren kann. Ich wiederholte den Test zehn Mal und hatte acht verschiedene Ergebnisse. Es war wie verhext.

Die Generation Y strömt gerade auf den Arbeitsmarkt und setzt viele Unternehmen und Arbeitgeber unter Druck, die derzeitigen Arbeitsmodelle anzupassen. Denn die Generation Y sind die Arbeitskräfte und Kunden der Zukunft. Lass mich hierbei nochmal betonen, dass man nicht unbedingt in einer bestimmten Zeit geboren sein muss, um zur Gen Y zu gehören. Ich finde, man kann sich auch einfach entscheiden, dazuzugehören. Die älteste Vertriebspartnerin in meinem Team ist 65 Jahre und hat ein GenY Mindset und eine GenY Arbeitsweise par excellence. Sie lebt Facebook, Instagram, Youtube und alles was dazugehört.

Vielleicht konntest Du Dich, Deine Werte und Deine Vorstellungen von Arbeit in dem, was ich gerade beschrieben habe, wiederfinden. Dann weißt Du, wie es mir geht und ging. Als ich Network-Marketing kennenlernte, habe ich mit der Zeit verstanden: Dieses Business, dieses Geschäftsmodell in der Kombination mit dem Tool Social Media ist genau das, wonach ich immer gesucht habe. Ein Business mit Rahmenbedingungen, welches mit meinen Werten und meinen Vorstellungen von meinem Beruf kongruent sind. Ich kann es nicht oft genug sagen: Die Idee zur Schule zu gehen, gute Noten zu schreiben, dann vielleicht einen Kredit aufzunehmen, um das Studium zu finanzieren – um dort noch mehr gute Noten zu schreiben – um letztendlich als Absolvent einen Job anzufangen, den Du vielleicht gar nicht wirklich magst, ist nicht mehr zeitgemäß. Vor allem dann nicht, wenn Dir im besagten Job dann noch jemand vorschreibt, was Du zu tun hast, wann Du auf die Toilette gehen darfst und wann Du Dir Urlaub nehmen kannst, um mit Deiner Familie mal wegzufahren. Nein, dieser Ansatz ist sogar verrückt. Um das Ganze noch weiterzudenken und auf die Spitze zu treiben, arbeitest Du normalerweise 40 Stunden die Woche und zwar 40 Jahre Deines

Lebens, um dann in Rente zu gehen und mit 40 Prozent dessen, was Du davor verdient hast ein „gutes“ Leben zu führen. Für mich klingt das alles eher nach einem schlechten Film.

Bis zum Jahre 2025 werden Dreiviertel der arbeitenden Bevölkerung aus der GenY bestehen. Ich bin definitiv niemand, der Schule oder Studium schlechtredet. Meine Schulzeit war eine tolle Zeit. Aber ich bin einfach jemand, der der Realität ins Auge schaut. Als ich damals in der Bahn morgens zu meinem Arbeitgeber gefahren bin, saß ich in einem Abteil umgeben von Zombies. Menschen mit schlechter Laune, keiner lachte oder erweckte den Anschein, sich auf die Arbeit zu freuen. Genau deshalb machte und macht dieses Geschäft so unglaublich viel Sinn für mich. Es ist eine tolle Lösung für das Bedürfnis und das Problem vieler Menschen da draußen, die sich mehr vom Leben und ihrem Job erhoffen.

Denke immer daran: Als Unternehmer und im Business ist unser Job, Probleme von anderen Menschen zu lösen und die Bedürfnisse von Menschen zu erfüllen. Und genau so eine Lösung bietet Network-Marketing.

Kehren wir noch einmal zum Schwimmgürtel und dem Überqueren des Sees zurück. Was hat das mit diesem ganzen Thema zu tun? Meine Eltern legten die Regel Nr. 1 fest – Schwimmgürtel tragen. Dabei dachten sie vermutlich gar nicht daran, dass ich auf die Idee kommen könnte, über den See zu schwimmen. Bildlich ein Beispiel für die unterschiedliche Denkweise der Generationen. „Rausschwimmen ist eh viel zu gefährlich, das wird er vermutlich sowieso niemals probieren, deshalb müssen wir das Thema gar nicht ansprechen.“ Das ist vermutlich, was meine Eltern gedacht haben.

Doch Millennials wollen entdecken, Millennials wollen über Grenzen hinausgehen. Millennials wollen schauen, was hinter dem Horizont liegt. Sie wollen sich ausleben und sind auch bereit etwas zu riskieren. Natürlich gab es solche Menschen schon immer, aber noch nie in einem Ausmaß, dass in einer ganzen Generation so ein Bedürfnis schlummerte. Und genau das tat ich, als ich entschloss, in den See zu springen und ihn mit meiner Schwimmhilfe zu überqueren.

X wie XF

Als mein Sponsor die höchste nationale Position erreichte, die man bei uns erreichen konnte, leistete er sich einen XF als Langzeitmiete. Er war gerade 23 Jahre jung, ich selbst erst 21 und wir waren beide Autofans. XF – zwei Buchstaben und über 240 Pferdestärken, die für das obere Mittelklasse-Modell der englischen Luxusmarke Jaguar stehen. Für mich war der XF der absolute Wahnsinn, auch wenn es kein Porsche war. So oft ich konnte, begleitete ich meinen Sponsor zu Meetings. Wir hörten während der Fahrten häufig Berliner Gangster-Rap und stellten uns vor, wie es wäre, ein solches Fahrzeug aus der Portokasse zu bezahlen. Ich bekomme heute noch immer eine Gänsehaut, wenn ich an diese Zeiten zurückdenke.

Ich prägte mir das Bild von diesem Luxusschlitten und das Gefühl, darin unterwegs zu sein, so sehr ein, dass meine Motivation bis ins Unermessliche stieg, in absehbarer Zeit selbst am Steuer zu sitzen. Etwa ein Jahr später erreichte auch ich die höchste nationale Position, mit der Konsequenz zum gleichen Autohändler zu fahren und mir ebenfalls einen XF als Langzeitmiete zu gönnen. Die Miete war unglaublich teuer, doch bar hätte ich mir den Wagen zu diesem Zeitpunkt noch nicht leisten können. Manchmal führt die Verkäuferweisheit „Fake it until you make it" in Verbindung mit „Faith it until you make it" zum Ziel.

Ich habe verstanden, dass es nicht die eine Wahrheit und nicht die eine Realität gibt, sondern jeder Mensch für sein eigenes Glück zuständig ist. Man muss sich zunächst vorstellen können, was man erreichen möchte und wenn man dann entsprechend danach handelt, wird man dieses Ziel auch erreichen können.

Ich habe herausgefunden, dass sich dieses Phänomen in jede Umgebung übertragen lässt – auch ins eigene Network-Team. Meine Partner, die ebenfalls Autofans sind, lasse ich heute immer Probefahrten in meinen Autos machen. Sie sitzen auf den Ledersitzen, umschließen das Lenkrad mit ihren Händen und spüren die Kraft der Motoren, wenn sie einige Runden drehen. Sie steigen aus mit leuchtenden Augen und einem Lächeln auf den Lippen. Sie haben in diesem Moment genau das Ziel vor Augen, wie ich damals. Und einige von ihnen erreichen im Laufe der Zeit auch ihr Ziel wie ich damals.

Unser Verstand erkennt den Unterschied zwischen Fantasie und Realität nicht. Alles fängt mit den Gedanken an und muss dann in Aktion umgewandelt werden. Denn ohne Aktion keine Reaktion. Jetzt ist natürlich die Frage, warum ist es so wichtig, dass Du an DICH und Deine Visionen so sehr glaubst?

Es werden Situationen in Dein Leben kommen, die nicht so laufen, wie Du sie Dir vorstellst. Und es werden Menschen in Deinem Leben sagen, vielleicht sogar aus Deinem ganz engen Umfeld, dass Du etwas nicht kannst, und es nicht schaffen wirst. Es ist wirklich komisch für mich, diese Zeilen zu schreiben, da ich damit nie etwas anfangen konnte, wenn mir jemand so etwas gesagt hat. Einfach, weil ich schon so früh angefangen habe, meine Vision vom Leben zu kreieren und ich somit einen Filter entwickelt habe für solche Dinge und es überhaupt gar nicht an mich habe rankommen lassen, wenn mir jemand sagte, dass ich etwas nicht kann. Das prallte an mir ab wie an Teflon.

Und ich glaube, dass der Grund tatsächlich war, dass ich schon immer so sehr daran glaubte, was ich mir vom Leben erhoffte und bereit war, alles zu geben und mehr als fleißig und hart dafür zu arbeiten.

W wie Werte

Meine Eltern sind ganz besondere Menschen mit einem hohen Werteverständnis. Sie sind beide Sozialpädagogen und ich muss gestehen, dass ich immer einen Widerstand verspüre, wenn ich höre, dass Kinder von Sozialpädagogen und Lehrern meistens Problemfälle sein sollen. Das glaube ich nicht. Somit bin ich von Haus aus schon früh damit in Kontakt gekommen und habe gelernt, wie Menschen ticken – eben weil ich mich für die Arbeit meiner Eltern interessierte. Ich wollte schon immer Menschen verstehen.

Meine Eltern sind mit die sozialsten Menschen, die ich kenne. Sie waren mit ihrer Liebe unwahrscheinlich prägend. Deshalb bin ich wahrscheinlich auch ein so emotionaler Mensch.

Meine Eltern taten wirklich alles in ihrer Macht stehende, um meinem Bruder und mir vieles zu ermöglichen. Sie gaben mir dabei nie ein negatives Mindset gegenüber Geld mit auf den Weg. Es gab einfach einige Dinge, die finanziell möglich waren und einige nicht. Darüber wurde aber nie gesprochen à la „Das können wir uns leider nicht leisten“, sondern im Gegenteil versuchten sie einfach die Dinge, die möglich waren, so zu gestalten, dass wir glücklich waren. Dass ich trotzdem einige materielle Dinge wie Markenklamotten, das neueste Handy, die neueste Spielkonsole oder den neuesten Cityroller nicht hatte, die andere aber besaßen, war für mich nie ein Problem. Ich habe ganz einfach früh gelernt, dass ich für das, was ich will, auch etwas tun muss. Dadurch wuchsen mein Wunsch und Antrieb, irgendwann finanziell so aufgestellt zu sein, dass ich mir die Dinge problemlos leisten könnte, die ich haben wollte.

Meine Eltern waren dazu immer schon etwas alternativ angehaucht – nicht mega-spirituell – aber schon sichtbar, würde ich sagen. Sie waren früh auf Bioprodukte eingestellt. Es gab zum Beispiel nie Premium-Brotaufstrich aus dem Supermarkt. Denn das war in ihren Augen einfach nicht gesund und daher überflüssig. Es gab bei uns keine Süßigkeiten und erst recht nicht diesen ominösen „Süßigkeitenschrank“, der sich eigentlich in jedem Haushalt finden lässt. Bei uns Fehlanzeige. Meine Eltern hatten ihre Überzeugung, was gut und gesund ist und was nicht.

Als ich mit meinen Freunden in unserem großen Garten Kindergeburtstag feierte, wurde aufgetischt, was mir nicht schmeckte: Schokobrote und Kuchen waren es nicht. Stattdessen war es gesundes Bio Essen. Ich bildete mir ein, dass meine Freunde mit den Augen rollten. Das brachte mich in eine Zwangslage. Einerseits wollte ich Partei für meine Eltern ergreifen, andererseits hatten meine Freunde ja auch recht, wie ich fand. Durch die Eigenarten meiner Eltern – für die ich heute dankbar bin – verlief meine Kindheit sehr dynamisch, um es mal positiv auszudrücken. Es gab einige Interessenskonflikte, die ich austarieren musste.

Diese Nähe zu meinen Eltern war keine Einbahnstraße. Ich kenne kaum Menschen, die so gerecht sind und waren, wie meine Eltern. Ein Beispiel: Es war in der Grundschule. Ich tobte mit meinen Freunden herum. Die Tür zum Pausenhof öffnete sich nach außen und wenn man sie ganz öffnete, schloss sie an einer Wand, sodass durch den Winkel hinter der Tür ein wenig Platz war. Der perfekte Platz, um sich dahinter zu quetschen. Das Spiel war ganz einfach: Einige positionierten sich hinter der Tür, die versuchen sollten auszubrechen und die anderen drückten von außen dagegen, um sie daran zu hindern. Eine unglaublich smarte Idee. Plötzlich krachte es und das Scharnier riss aus dem Türrahmen. Damit haben wir ein Riesendrama in der Schule in Gang gesetzt. Die Eltern der beteiligten sieben Schüler wurden eingeladen, die Geschichte groß ausgetragen und dann wurde natürlich der Schaden besprochen und wer dafür aufkommen muss. Sieben Eltern hatten den Schaden in Höhe von etwa 50 Euro pro Familie zu bezahlen. Alle Eltern wurden instruiert, die Kosten auf das Taschengeld des jeweiligen Kindes umzulegen, damit den Kindern damit eine Lektion erteilt wird – und so etwas somit nie wieder vorkommen würde. Für meine Eltern kam das überhaupt nicht in Frage. Sie fanden dies völlig überzogen und bezahlten zunächst das Geld. Dann sprachen sie mit mir über das Thema und erklärten, was es bedeutet, sich rücksichtsvoll zu verhalten. Sie mahnten, darauf zu achten, keine Dinge zu beschädigen – auch wenn man noch so gerne herumtobt. In ihren Augen waren wir Kinder und bei Kindern kann so etwas eben mal passieren. Bis heute rechne ich diese Aktion meinen Eltern sehr hoch an. Ihr Umgang damit hat mich sehr geprägt und ich versuche ebenfalls Situationen aus verschiedenen Blickwinkeln zu betrachten und dabei gerecht zu handeln.

Natürlich gab es auch Situationen mit meinen Eltern, die ich damals nicht verstand und mich aus meiner damaligen Perspektive sehr störten. So gab es bei uns daheim einen sehr eingeschränkten Umgang mit TV, PC und Spielekonsolen. Am meisten regte mich damals auf, dass unser Fernseher lediglich vier Programme hatte: ARD, ZDF, 3SAT und Arte waren verfügbar. Wir hatten zwar auch eine Satellitenschüssel, aber der große Baum unserer Nachbarn verhinderte den Empfang für alle anderen Programme. Meine Eltern interessierte das kein Stück, mich dafür umso mehr. Und so fühlte ich mich manchmal mies, dass wenn ich Leute einlud, wir uns nicht vor den Fernseher setzen konnten, um Animés anzusehen, wie es die meisten anderen Kinder in dieser Zeit taten. Auch, dass wir kein WLAN sondern nur Kabelanschluss hatten, gehörte zu den Dingen in meiner Kindheit, die mich ärgerten. Einige Dinge, die für andere normal waren, gab es bei uns einfach nicht. Zumindest in diesem Kontext habe ich mich damit als Außenseiter gesehen, obwohl ich aus heutiger Sicht sagen muss, dass ich absolut kein Außenseiter war. Und doch: Worüber ich früher nur den Kopf schüttelte, dafür bin ich heute extrem dankbar. Kinder vom Fernseher weghalten, kann eine kluge Entscheidung sein. Bei mir hat es bis ins Erwachsenenalter gedauert, bis die Erkenntnis einsetzte.

Langweilig wurde mir dennoch nicht. Denn ich hatte den Zugang zu Büchern. Meine Mutter hat mir immer sehr viel vorgelesen, also jeden Tag, wenn andere Kids ferngesehen haben, lauschte ich ihren Kinder-, Detektiv- und Abenteuergeschichten. Solange ich zurückdenken kann, habe ich zu Büchern immer eine ganz enge Verbindung gespürt.

Später, als ich selbst lesen konnte, wurde ich ein richtiger Bücherwurm und verschlang alle Titel, die ich in die Finger bekam. Gerne Romane und Fantasy-Bücher. Noch heute ächzen die Bücherregale meiner Eltern unter der Last meiner Lektüre. Ich liebte Biografien von Bach, von Händel, und Mozart – die ganzen Stories rauf und runter. Der Einblick in das Leben anderer Menschen ändert schnell mal die Blickrichtung. Das ist auch der Grund, wieso ich so viele Bücher von erfolgreichen Menschen, Celebrities und Wirtschaftsgrößen gelesen habe. Von Komponisten wollte ich viel erfahren, da ich selbst Musikinstrumente spielte. Schon früh hatte ich auch die Idee, selbst Bücher zu schreiben. Zunächst sollten es Romane werden, die ich im Kinderzimmer begann und die mit Drachen und Burgen zu tun hatten. Auch wenn ich keine einzige Geschichte finalisiert habe, machte es unglaublich viel Spaß. Wie heißt es so schön? „Gut Ding will Weile haben“.

Allgemein würde ich aus damaliger Sicht wahrscheinlich sagen, dass mir meine Eltern sehr spießige Werte mitgegeben haben. Heute sehe ich das genau andersrum. Sie haben mir menschliche Werte mitgegeben. Und genau solche Werte brauchst Du, um ein großes Business aufzubauen: **Ehrlichkeit, Transparenz, Empathie, Liebe, Spaß und Gerechtigkeit.**

Um das auf die Geschäftsebene zu übertragen: Anstatt etwas zu verkaufen – den Menschen einen Mehrwert bieten und helfen, mit dem was Du anzubieten hast, ein Problem zu lösen, das sie haben. Anstatt nur an den Aufbau Deines eigenen Business zu denken, sich lieber das Ziel setzen, andere Menschen aufzubauen, damit sie ihre Ziele erreichen und auch Du automatisch Deine Ziele dadurch erreichst. Nicht kurzfristig einen „Struggle" bewerten und verzweifeln, sondern den Weg zum Erfolg mit allen „Ups" und „Downs" gehen.

Dadurch Deine eigene Weiterentwicklung als tatsächliches Ziel und als wirklich erstrebenswert betrachten, die materiellen Ziele die Du hast (*was völlig in Ordnung ist*) nicht als oberste Priorität sehen, sondern Deine persönlichen Ziele und die Entwicklung Deiner Persönlichkeit als Priorität A sehen. So kannst Du durch stetiges „Besser Werden" langfristig auch Deine materiellen Ziele erreichen und wirst vermutlich viel glücklicher damit. Anstatt nur auf Deinen Vorteil zu schauen, lieber überlegen: „Was haben andere Menschen davon, dass es MICH gibt?"

Meiner Meinung nach sind diese Herangehensweise und diese Werte unverzichtbar, um ein erfolgreiches und großes Business aufzubauen und vor allen Dingen auch langfristig damit persönlich erfolgreich und glücklich zu sein. Wir bauen unser Geschäft nicht mit Menschen auf, sondern wir bauen Menschen in unserem Geschäft auf. Das ist ein riesengroßer Unterschied. Menschen spüren das.

V wie Vorbild und Vergebung

Dass ich im Network-Marketing aktiv bin und das Business mache, habe ich meinen Eltern ein Jahr lang verschwiegen. Aus geahnt gutem Grund: Als ich ihnen am Geburtstag meines Bruders in einem griechischen Restaurant das Geschäft auf einer Serviette präsentierte, zeigten sie sich nicht besonders begeistert. Zu dieser Zeit lebte ich schon mit einem Freund in einer WG und war ständig auf Achse, um von einem Event zum nächsten zu reisen. Der Good Will meiner Eltern war mir extrem wichtig. Sie hatten ein Anrecht darauf, ein gutes Gefühl zu haben, wenn sie an die Aktivitäten ihres Sohnes dachten. Um sie ins Boot zu holen, hatte ich eine brillante Idee.

Bei mir in der Familie gibt es eine Tradition am 2. Weihnachtsfeiertag. Nämlich, dass dort mein Patenonkel mit seiner Familie zum Essen zu uns zu Besuch kam. Er ist einer der Menschen in meinem Leben, den ich immer noch am meisten respektiere, den ich als kleiner Junge immer anhimmelte und der schon immer ein ganz großes Vorbild für mich war und auch weiterhin ist.

Du weißt mittlerweile, dass ich aus einer vollkommen durchschnittlichen Familie aus einer kleinen Stadt komme, und meine Eltern (*und übrigens auch nahen Verwandten*) mit Business und Unternehmertum eher weniger am Hut hatten. Bis auf meinen Patenonkel. Er hat als Manager bei Unternehmen Karriere gemacht, war als selbständiger Berater sehr erfolgreich und hatte auch mit Aktien viel Geld verdient. Trotzdem glaube ich – ist er von außen gesehen – einer der absolut bodenständigsten und bescheidensten Menschen, die ich kenne. Er fuhr damals einen Mittelklassewagen von Audi und wohnte in einem normalen Einfamilienhaus. Er war früher in der Schule, in der Ausbildung und im Studium immer der Allerbeste gewesen. Er hatte sogar promoviert – seinen Doktor in Betriebswirtschaftslehre mit summa cum laude gemacht – also der höchsten Auszeichnung der bundesdeutschen Promotionsprüfung bestanden.

Alles in allem war er also mein größtes greifbares Vorbild als kleiner Junge und Jugendlicher mit einer tollen Familie. Natürlich gab es auch Schattenseiten. Er war aufgrund seiner beruflichen Situation wenig daheim und es ging ihm auch gesundheitlich nicht so gut. Aber damals sah ich dies noch nicht als übermäßig wichtig an. Er hatte einfach für mich diese besondere Ausstrahlung wie es erfolgreiche Unternehmer eben haben. Er war rhetorisch sehr eloquent, unglaublich gebildet, egal, ob in Politik, Wirtschaft oder Kultur – und mit einem messerscharfen Verstand ausgerüstet.

Ich wollte so sein wie er und vor allen Dingen wollte ich ihn stolz machen. Ja, ich wollte seine Anerkennung, denn er hat immer an mich geglaubt und mir das Gefühl gegeben, dass ich alles erreichen kann, was ich möchte.

Unsere Weihnachtsessen waren immer von legendären Diskussionen geprägt und ein absolutes Jahreshighlight für mich. Bis zu dem schicksalshaften 26.12.2014, den ich nie vergessen werde. Es war ziemlich genau ein Jahr, nachdem ich mit meinem Network-Business angefangen hatte. Zu dem Zeitpunkt verdiente ich neben meinem Job bei Porsche ungefähr 1.000 Euro im Monat mit meinem Geschäft.

Ich war Ende 2014 extrem motiviert, weil mein Team wuchs und wuchs und sich das erste große Momentum anbahnte. Mein Plan war, meinen Patenonkel auf meine Seite zu ziehen, damit meine Eltern nichts mehr gegen mein Business sagen konnten. Ich spürte von Anfang an, dass etwas seltsam war. Da mein Vater und mein

Patenonkel beste Freunde sind, hatte mein Vater ihm natürlich erzählt, dass ich mein eigenes Geschäft gestartet hatte und schlussendlich kamen wir auf das Thema.

Bevor ich auch nur im Ansatz meinem Patenonkel, seiner Frau, deren Tochter und dem Schwiegersohn in spe erzählen konnte, was ich genau mache, warf mir mein Patenonkel alles Negative entgegen, was man von Leuten hört, die sich nie wirklich damit auseinandergesetzt haben. Schneeballsystem, nur die da oben verdienen Geld, nicht langfristig und so weiter. Ich verstand die Welt nicht mehr.

Mein Vorbild, derjenige, der alle akademischen Abschlüsse, die man haben kann, als Bester absolviert hatte, schien plötzlich überhaupt nicht mehr so weltoffen zu sein, wie ich ihn in Erinnerung hatte. Verzweifelt versuchte ich mich zu erklären und mit Begeisterung, Wissen, Daten und Fakten und allem, was dazugehört, ihn und meine Familie davon zu überzeugen – aber ich hatte keine Chance.

Ich brauchte drei Stunden, um den Unterschied zwischen Vertriebspartner und Endkunde zu erklären. Ich hätte heulen können. Nicht vor Trauer, sondern vor Wut. Vor der schieren Ungerechtigkeit, die ich hier erfahren musste. Ich zog wirklich alle Register, doch hatte ich das Gefühl „Chinesisch" zu sprechen. Irgendwann, als mein Bruder auf der Terrasse war, folgte ihm der Freund der Tochter meines Patenonkels und versuchte, etwas aus ihm herauszuquetschen: Er wollte wissen, ob mein Bruder mehr von mir wüsste, ob ich ihm mehr Details erzählt hätte – und sogar, ob ich ihm von illegalen Aktivitäten berichtet hätte. Es war ein einziges Desaster. Ich spürte so eine Enttäuschung in mir. Doch auf der anderen Seite motivierte mich jedes dieser Worte umso mehr. In mir baute sich eine Mauer aus Motivation, Ehrgeiz und Tatendrang auf, die vor meinem geistigen Auge in die Höhe wuchs, sodass ich das Ende nicht mehr sehen konnte. Ich wusste, dieser Abend würde mich unaufhaltsam und stark machen.

Und dann folgte ein Spruch, den ich nicht vergessen konnte: „Lukas, ich wette, dass Du mit diesem Business niemals 50.000 Euro brutto im Jahr verdienen wirst. Also mehr als ca. 2.000 Euro netto im Monat!“

Damit war der Groschen gefallen. Ich empfand plötzlich ein Feuerwerk der Freude. Nie zuvor hatte ich einen solchen externen Antrieb dieser Art gebraucht – doch in diesem Moment machte mir mein Patenonkel ein großes Geschenk: Das erste Mal nahm ich bewusst – wirklich bewusst – wahr, wie jemand mir weismachen wollte, dass ich etwas NICHT schaffen würde. Meine Motivation wurde ins Unendliche katapultiert. Ich erwiderte ihm: „Und ich wette dagegen!“ Mein Vater versuchte an diesem Punkt ein wenig Witz in die Situation zu bringen und schlug Wetteinsätze vor: Der Verlierer könne den Gewinner doch zum Essen einladen. Doch ich erwiderte nur: „Nein, kein Wetteinsatz – wir wetten einfach nur ums Recht.“

Ich sah vor mir jemanden, zu dem ich bisher eine sehr starke emotionale Bindung hatte, doch plötzlich sah ich auch etwas anderes: Einen Mann mit Mitte 50, völlig überarbeitet, gesundheitlich angeschlagen und meiner Meinung nach weit weg von einem erfüllten Leben.

Ich wusste genau, deshalb mache ich mein Business. Um finanziell unabhängig zu sein, ein freies und selbstbestimmtes Leben zu führen. Es war wirklich ein Geschenk für mich: Ein Moment, in dem ich so klar und deutlich sah, dass die Ziele die ich früher hatte – auch wenn sie ambitioniert waren – CEO bei einer großen Firma zu werden oder eine klassische Selbstständigkeit zu starten – mir niemals die Freiheit und die Erfüllung bescheren würden, wie Network-Marketing. Und in diesem Moment beschloss ich eine Sache:

Ich werde niemals, niemals wieder auf einen Menschen hören und einen Rat annehmen, der nicht das hat, was ich haben möchte und nicht dort ist, wo ich hinmöchte. Niemals! Mein Patenonkel hatte in dieser Sache schlicht und ergreifend keine Ahnung, von dem was ich tat. Er kannte es nicht und wollte mir trotzdem einreden, dass es nicht funktionieren kann.

Aus meinem Plan, in meinem Patenonkel einen Verbündeten zu finden, der stolz auf mich sein würde, wurde das schlimmste Weihnachtsfest meines Lebens. Wie konnte er sich erdreisten, mir zu erzählen, wie das Business funktioniert, oder besser nicht funktionieren kann? Dieses Erlebnis war das einzige Mal, dass ich eine richtige Negativ-Motivation bekam, die mir ungeheure Energie gab. Ich besann mich auf einen Tipp, den ich irgendwann mal gehört hatte und der verdeutlicht, dass man keinen Rat von jemandem annehmen sollte, der nicht hat, wonach man selbst begehrt:

„Lass Dir von Deinem Frisör niemals erzählen, wie Du Deine Brötchen backst. Und lass Dir von Deinem Bäcker nie erzählen, wie Haare geschnitten werden!"

Mir wurde klar, dass mein Patenonkel zwar viel Geld besaß, jedoch nicht den Lifestyle, den ich anstrebte. Er war alles, nur nicht offen für Neues, was ich außerordentlich bedauerte. Ungefähr ein dreiviertel Jahr später tütete ich unkommentiert meine BWA – die schwarz auf weiß belegte, dass ich mittlerweile 2.500 Euro netto pro Monat verdient hatte – in einen Briefumschlag und schrieb seine Adresse drauf. Ich sendete den Beweis, dass es funktioniert jedoch niemals ab. Die Sache war auch so für mich erledigt. Erfolgreiche Menschen müssen sich nicht gegen andere behaupten. Sie arbeiten und konzentrieren sich auf das Wesentliche.
Oder um es mit den Worten des großen Mentors Markus Aurelius zu sagen: **„Die beste Art, sich an jemandem zu rächen, ist es ihm nicht gleich zu tun."**

Auch wenn ich ihm nicht meinen Verdienst mitteilte, bekam er natürlich durch meinen Vater mit, dass sich in meinem Leben etwas positiv veränderte. Ich zwang meine Eltern, ein paar Mal mit auf eine Convention zu kommen, wo ich auf der Bühne vor Tausenden von Menschen sprach. Auch wenn sie nach wie vor nicht zu 100 Prozent davon überzeugt waren und allem sehr skeptisch gegenüberstanden, konnten sie doch die Resultate und das was in meinem Leben passierte, nicht ignorieren. Das Weihnachtsessen im Jahr darauf fand nicht statt, weil mein Patenonkel und seine Familie Urlaub in Südafrika machten. Am Weihnachtsessen 2016 hielt ich mich dann sehr zurück. Ich war sehr kühl und distanziert und wollte einfach nicht aus der Haut fahren. Ich hatte auch nicht den Drang, viel über mein Business zu reden, da ich nicht das Gefühl hatte, mich beweisen zu müssen. Ich wusste, was ich für ein Leben hatte und dass sich jeder an dem Tisch tief im Inneren genau so etwas wünschte. Das reichte mir als Genugtuung. Es wurde ab und zu ein Kommentar über meine Rolex gesagt, die ich am Arm trug, aber das war es auch im Großen und Ganzen.

Das Weihnachtsessen 2017 hatte dann doch nochmal eine Bedeutung für mich. Zu dem Zeitpunkt war ich bereits der erfolgreichste Vertriebspartner unter 30 in meiner Company weltweit. Geltungsdrang oder das Gefühl, etwas beweisen zu müssen, hatte ich zu dem Zeitpunkt in keinster Weise. Ich wurde – ganz im Gegenteil – durch den Gesundheitszustand meines Patenonkels und seine nach wie vor völlige Überarbeitung darin bestätigt, den richtigen Weg gewählt zu haben. Zudem merkte ich immer mehr, mit welcher Art von Gesprächen, was für Themen und mit welchen Ansichten und Denkweisen ich eigentlich nichts mehr zu tun haben wollte.

Als mich der künftige Schwiegersohn meines Patenonkels dann irgendwann mal zynisch fragte, ob ich meine Entscheidung schon bereuen würde, meinen Job bei Porsche gekündigt zu haben, um im nächsten Satz dessen Gehaltsteigerung bekanntzugeben – von 44.000 auf 46.000 Euro im Jahr – musste ich mir kurz auf die Zunge beißen, um ihm nicht zu entgegnen, dass dies inzwischen nicht mal ein Monatsgehalt bei mir war.

Ich hatte das Gefühl, keiner fragt nach mir – ein seltsames Gefühl. Alle wussten, dass ich kurz vor dem Umzug in die Schweiz stand und im letzten Jahr die halbe Welt bereist hatte. Und nun wurde ich behandelt wie ein Aussätziger.

Heute kann ich die Reaktionen seit dem ersten Weihnachtsessen nachvollziehen. Mit dem differenzierten Blick weiß ich, dass mein Patenonkel – so wie meine Eltern auch – aus purer Liebe gehandelt hat. Aus Liebe zu mir und aus Angst und Sorge, dass ich mich in etwas hineinbegeben würde, was sich zu meinem Nachteil entwickeln könnte.

Einsteiger ins Network-Marketing-Business sollten sich daher immer vor Augen halten, dass die härteste Kritik in den meisten Fällen motiviert durch Liebe zu ihnen dringt. Ein entspannter Umgang mit der Situation bringt sie ihrem Ziel näher, als in den Verteidigungs- oder Angriffsmodus zu wechseln. Damals habe ich das einfach nicht gesehen.

**„Unser Job ist es nicht Menschen zu bekehren.
Wer argumentiert verliert.“**

Heute – mit entsprechendem Abstand – gelingt mir das viel besser. Meine Eltern haben Network-Marketing damals wie heute nicht verstanden. Wahrscheinlich werden sie es nie verstehen. Doch das ist für sie und auch für mich in Ordnung so. Ich sehe es schon längst nicht mehr als meinen Auftrag, sie aufzuklären. Man arrangiert sich und es besteht keine Notwendigkeit, sich lauthals um Kopf und Kragen zu reden oder wegzulaufen. Das Verhältnis zwischen mir und meinen Eltern ist heute besser als je zuvor und meinem Patenonkel und seiner Familie empfinde ich ausschließlich positive Gefühle gegenüber. Ich konnte vergeben.

Was wäre wohl passiert, wenn ich in dieser schwierigen Zeit nicht an mich geglaubt hätte? Und was wird wohl passieren, wenn Du beginnst, an Dich zu glauben?

Diese Geschichte zeigt mir immer wieder, wie wichtig es ist, an sich selbst zu glauben. Der Glaube wird sich nicht von heute auf morgen entwickeln – aber Stück für Stück, wenn Du jeden Tag daran arbeitest. Auch ich erlebe Tage, an denen ich morgens mit dem falschen Fuß aufstehe. Manchmal würde ich am liebsten im Bett liegen bleiben. Manchmal regt mich einfach alles auf. Manchmal gibt es Konflikte und manchmal negative Gefühle. Jeder hat das und jeder kennt das. Doch wie man damit umgeht, entscheidet jeder für sich selbst.

Folgende Parabel hat mir geholfen, zu lernen, damit besser umzugehen. „Eines Tages soll der Dalai Lama von einer Frau gefragt worden sein: „Sie sind immer so gut zu allen Menschen. Immer positiv und geben so viel. Sind Sie denn nie traurig? Empfinden Sie nie Wut, Enttäuschung, oder sind sauer, regen sich über etwas auf und haben negative Gedanken?“ Der Dalai Lama lächelte gutmütig und antwortete: „Doch, aber nie lange....“

U wie Unterbewusstsein und Unabhängigkeit

Das Kontrastprogramm zum Dalai Lama sind „Problem-Menschen". Hast Du Dich jemals gefragt, wieso es manche Menschen gibt, die in einem täglichen Kampf zu leben scheinen? Bei denen alles immer schief läuft, die sich ständig beschweren? Die ständig darüber sprechen, wie unfair doch alles ist – der Staat ist schuld, die Wirtschaft macht alles falsch, der Chef ist schuld, das Wetter ist schuld, die fast schon depressiv sind und es kein Licht am Ende des Tunnels gibt? Die am Montag das Gefühl haben, die Welt geht unter und bei denen sich schon am Sonntagabend um 17 Uhr die „Sonntagsdepression" ausbreitet.

Und warum gibt es andere Menschen bei denen es immer so scheint, als wenn sie Glück haben? Bei denen es so aussieht, als wären sie dauerhaft glücklich, gesund und wohlhabend?

Das, worüber wir Menschen nachdenken, kann am Ende auch zustande kommen – unsere Gedanken werden real. Und damit meine ich kein Hokuspokus-Positives-Denken und der grüne Lamborghini steht vor der Tür. Ich meine damit die Tatsache, dass das, worüber wir nachdenken, verantwortlich ist, wie wir uns fühlen. Unser Gefühl ist dafür verantwortlich, was wir tun. Was wir tun, führt zu einem bestimmten Ergebnis. Und dieses Ergebnis wiederum führt dazu, was wir denken. Du kannst das anzweifeln, Dich darüber aufregen, es als lächerlich abtun oder nicht. Am Ende des Tages ist es ein Fakt, dass unsere Einstellung dazu führt, was wir tun. Einstellung ist alles!

Ich dachte aber auch eine lange Zeit, dass die Idee, Gedanken könnten zur Realität werden, nur leere Worthülsen sind – bis ich herausgefunden habe, dass die Mehrheit der extrem-erfolgreichen Menschen dem Gesetz der Anziehung folgen, um in ihrem Leben und ihrer Karriere etwas Großes zu erreichen. Wir lebenden Geschöpfe sind nahezu zu allem fähig, was wir uns vorstellen können. Wir haben die Fähigkeit zu kontrollieren, wer in unser Leben kommt, wie wir mit Situationen in unserem Leben umgehen und dazu haben wir die Fähigkeiten, große Erfolge zu erzielen – wenn wir uns das Gesetz der Anziehung zu eigen machen.

Erfolgreiche Menschen wie Henry Ford, die Wright-Brüder, Muhammed Ali, Arnold Schwarzenegger und einer meiner größten Vorbilder Connor McGregor sprachen und sprechen immer wieder darüber, wie wichtig es ist, die Dinge zu visualisieren, die man erreichen möchte. Einer meiner Mentoren sagt: „Nsch dem Gesetz der Anziehung kannst Du tatsächlich nur das anziehen, womit Du selber in Harmonie bist." Du kontrollierst Deinen Verstand mit den Gedanken, die Du wählst. Das ist, wo wahre Freiheit beginnt. Das ist aber auch, wo das Problem für die meisten Menschen beginnt. 90 Prozent der Bevölkerung wünschen Positives aber denken negativ. Als ein kreatives Individuum wirst Du kontinuierlich gute Dinge anziehen, wenn Du positiv denkst und das Beste erwartest, was das Leben Dir zu bieten hat. Denn DAS verdienst Du.

Anstelle von „Ich möchte nicht länger erfolglos sein“, muss es heißen: „Ich möchte erfolgreich sein.“ Oder: „Ich bin auf dem Weg, erfolgreich zu werden.“ Oder noch besser: „Ich bin erfolgreich, in dem, was ich tue.“ Denn das Unterbewusstsein versteht das Wort „nicht“ nicht. „Nicht“ und „nein“ werden im Gedächtnis ausgeblendet. Wer also fokussiert, „keinen Misserfolg“ zu haben, programmiert sich auf Misserfolg. Wer sich über Missstände ärgert, zieht noch mehr Missstände an.

„Du lenkst, wie Du denkst.“

Ich habe das Gesetz der Anziehung schon mein ganzes Leben unterbewusst benutzt. Solange ich zurückdenken kann, habe ich meine Fantasie benutzt, um mir die buntesten Dinge vorzustellen, die mir so ein gutes Gefühl gegeben haben, dass ich dementsprechend gehandelt habe.

Fakt ist, es gibt Menschen aus allen Gesellschaftsschichten, aus der ganzen Welt, mit denselben Voraussetzungen, denselben Hintergründen, denselben Erfahrungen, die ein unterschiedliches Ergebnis in ihrem Leben haben und es letztendlich auf ihre Einstellung und ihre Gedanken zurückführen. Egal, ob Menschen mit tragischen Schicksalen aus Dritte-Welt Ländern, oder Menschen mit tollen Voraussetzungen aus hoch entwickelten Ländern, deren Leben doch in völlig unterschiedliche Richtungen gegangen ist. Egal, wie Deine jetzige Situation oder Dein Einkommen sind, Du musst das begreifen, denn das kann Dein Leben in einem einzigen Augenblick verändern. Niemand kann Dich veranlassen, Dinge zu denken, die Du nicht denken möchtest. Es ist immer Deine Entscheidung, zu reagieren oder „es" an Dir vorbeiziehen zu lassen. Wer anderen erlaubt, ins eigene Leben einzugreifen, wird gelebt.

T wie Team und Träume

Von Anfang an hat mich das Network-Marketing-Business fasziniert. Auf meiner ersten Convention war ich vor allen Dingen von den Sprechern auf der Bühne begeistert. Von der Energie und der Inspiration die sie weitergaben und ich sagte mir damals: „Eines Tages werde ich auch mal auf so einer Bühne stehen!“ Im März, als ich noch keine einzige Position im Marketingplan erreicht – und bis dahin sage und schreibe 19.86 Euro verdient hatte, fragte der CEO unserer Company am Ende auf der Bühne in Stuttgart: „Wer von Euch wird in Barcelona als NMD (*die höchste nationale Position*) auf der Bühne stehen? Steh' auf, wenn Du Dich dazu comittest in Barcelona auf der Bühne zu stehen.“ Wie schon zu Schulzeiten schnellte zunächst mein Finger wie im Affekt in die Luft, mein Körper folgte ihm widerstandslos. Ich konnte nicht anders als aufzustehen. Ich hatte keine Ahnung, was NMD war, noch wusste ich, was ich tun musste, um diese Position zu erreichen, oder wann die Convention in Barcelona überhaupt war. Trotzdem stand ich auf, weil alles in mir danach schrie und jede Faser meines Körpers elektrisierte.

Sieben Monate später im Oktober in Barcelona war ich natürlich nicht NMD. Ich war ein sehr großes Stück davon entfernt, aber trotzdem ging der Bühnenmoment in Erfüllung. Jemand aus meiner Upline sprach dort auf der Bühne einen sehr inspirierenden Part und er schenkte mir und drei anderen aus unserem Team die letzten fünf Minuten. Wir durften auf die Bühne und in 90 Sekunden etwas über uns sagen, auch warum uns das Geschäft so begeistert. Stell' Dir das mal vor: Auf Englisch, in einem anderen Land vor mehr als 5.000 Menschen.

Gemeinsam mit seiner wunderbaren Frau vermittelte jener Speaker uns die Basics des Geschäfts – mit dem Fokus aufs Network-Marketing im klassischen Sinne – also das persönliche Geschäft von Mensch zu Mensch. Wir haben viel von den beiden gelernt. Sie brachten uns alles über die Produkte bei und standen uns mit moralischer sowie emotionaler Unterstützung stets zur Seite. Diesen Support haben wir – ein kleiner Haufen 20-Jähriger, der sich plötzlich mit der Businesswelt konfrontiert sah – auch wirklich gebraucht. Gerade dem Teenageralter entschlüpft und nun als junge Erwachsene auf dem Weg Führungskräfte zu werden.

Es gab eine Menge Aufklärungsbedarf und Support, was mit Sicherheit keine einfache Aufgabe für unser Leadership darstellte. Doch die beiden sensibilisierten uns für Ethik und Integrität, Bescheidenheit, Fairness und Dankbarkeit. Wir lernten, wie analoge Beziehungen aufgebaut werden und vor allem, wieso wir dem Business vertrauen können und es ein Geschäft mit Zukunft ist.

Unsere Uplines wussten, wovon sie reden. Denn sie waren seit 20 Jahren in unserer Company tätig und leiteten nebenher noch eine Arztpraxis. Vollblutunternehmer mit Leib und Seele. Das Vertrauen und die Sicherheit, die uns entgegengebracht wurde, war für mich ein unglaublich wichtiger Faktor. Sie haben in ihrem Leben auch ganz andere Zeiten durchgemacht. Zeiten, in denen nicht alles perfekt für sie lief und ihnen das Network-Marketing-Business neben ihrer Arztpraxis finanziell einiges erleichtert hat. Viele Einsteiger in diesem Geschäft setzen sich die rosarote Brille auf, oder lassen sie sich von ihrer Upline aufsetzen und vergaloppieren sich. Schnelles Geld kann als dauerhafter Motivator nicht funktionieren. Und genau dieser Motivator ist es, der zur schnellen Aufgabe führen kann.

Von ihnen wusste ich, dass dieses Business für jeden die gleichen Chancen bereithielt und man, egal, was in der Vergangenheit gelaufen war, auf einem weißen Blatt neu anfangen konnte.

Sie kennengelernt zu haben, sehe ich als großes Geschenk an und bin dafür bis heute unendlich dankbar. In diesen Gesprächen dachte ich übrigens häufig an meine Eltern, für die Sicherheit und Langfristigkeit wesentliche Aspekte waren.

Ihren Impact versuche ich stets in meine Downline weiterzugeben. Sie gehörten noch zu der Generation, die das Network-Business auf einer rein persönlichen Ebene aufgebaut haben – ohne Social Media. Und natürlich geht es dabei auch darum, ständig und überall neue Menschen kennenzulernen und mit Ihnen über das Geschäft zu sprechen. Ich war nie der geborene Kontakter. Und genau diese Fähigkeit musste ich lernen, nachdem wir anfangs unseren warmen Kontakten die Geschäftsmöglichkeit gezeigt hatten und wir neue potentielle Partner finden wollten. Damit Du Dir besser vorstellen kannst, wie wir unterwegs waren, lass uns in Gedanken zurück in den Sommer 2014 reisen. Ein halbes Jahr nachdem wir gestartet waren – ohne solides Wissen und ohne Coaching, wie man professionell mit Menschen spricht, wie man sie gekonnt einlädt oder wie man Produkte empfiehlt. Und auch lange bevor wir unsere eigenen Leitfäden und Scripts geschrieben haben, waren wir nicht viel mehr als Resultate unserer eigenen Begeisterung. 1.000 Prozent Energie, nur leider kein Vehikel, das diese Energie hätte auf die Straße bringen können. Uns fehlte System.

Wir veranstalteten viele Events, die übrigens auch irgendwie immer voll waren. Jeder brachte ein paar Freunde aus dem Umfeld mit. Doch irgendwann war das Potential erschöpft. Begeisterung ist der beste Katalysator für den Start und sie wird Dich weit bringen. Und Begeisterung verknüpft mit einem System ist unschlagbar.

Die Teilnehmerzahlen auf unseren Events sanken wieder und wir wussten, dass wir neue Kontakte brauchten. An einem sonnigen Tag im Juli saß ich mit meiner Upline in der Stuttgarter Königsstraße in einem Café. Er meinte: „Los, Lukas, lass' uns ein paar

Leute ansprechen!" Ich fühlte mich unwohl, da ich von Natur aus noch nie derjenige war, der auf fremde Menschen zugeht. Entsprechend reagierte ich nicht mit überschwänglicher Freude – war aber dennoch motiviert, da meine Upline mein Vorbild war und ich ihm vertraute. Außerdem sind zu zweit die Dinge bekanntlich weniger schwierig und man verlässt eher die Komfortzone. Jeder von uns bestellte sich ein Radler und wir entschlossen uns, sobald es leer war und wir uns ein bisschen Mut angetrunken hatten, dass wir die Fußgängerzonen hoch und runterlaufen und Menschen ansprechen würden. Ich hatte ein unglaublich flaues Gefühl im Magen und am liebsten wäre ich nach Hause gefahren, aber ich hatte einen Traum und ich wusste, dass genau dieses Gefühl der Unsicherheit ein Zeichen war, dass ich gerade dabei war, meine Komfortzone zu verlassen. Die Komfortzone ist das Gefühl, das einen bremst und dazu animiert nichts zu tun.

Wir gingen also los und fingen tatsächlich an, wildfremde Menschen anzusprechen. Jeder Kommunikationstrainer oder Coach hätte an unserem Worst-Case-Szenario seine helle Freude gehabt. Zunächst richteten wir unseren Fokus auf sportliche und gutaussehende Menschen (*Wir gingen davon aus, dass sie am besten zu uns passen würden, da unsere Firma ja im Gesundheitsmarkt unterwegs ist*).

Wir liefen also wie die größten Vertreter die Fußgängerzone auf und ab – meine Upline hatte damals eine Art Laptop-Aktentasche in der Hand – und stürzten uns auf die Menschen. Meistens sprachen wir ebenfalls Pärchen an, egal ob Mann und Frau, Frau und Frau oder Mann und Mann, da wir zu zweit waren und einzelne Personen nicht verschrecken wollten. Was wir sagten, kannst Du Dir ungefähr so vorstellen: Wir fragten sie „Hey, habt Ihr kurz eine Minute Zeit?" Ohne sie ausreden zu lassen, schalteten wir in den nächsthöheren Gesprächsgang. „Wir wollen Euch gar nicht volllabern, aber Ihr seid uns aufgefallen." Und weiter ohne Feedback.

„Ihr habt eine total sportliche und positive Ausstrahlung. Kommt Ihr aus Stuttgart?“ Die Antworten waren uns egal. Ob Interesse bestand oder nicht – ob Stuttgarter oder Touristen. Unsere Einladung war ihnen sicher. Da mussten wir alle gemeinsam durch. Wir setzten unseren Monolog gezwungen ungezwungen fort: „Ah super, wir müssen auch gleich los zum Zug, aber wir mussten Euch noch kurz ansprechen. Wir bauen nämlich hier gerade ein Fitness- und Ernährungskonzept auf. Damit könnt Ihr Euch doch bestimmt identifizieren, oder?” – Ja? Nein? Vielleicht? Egal. Weiter: „Passt auf, wir haben am Mittwoch ein Event im Pure Club (*ein angesagter Club in der Stadt*), wo das Ganze vorgestellt wird. Wenn wir Euch auf die Gästeliste setzen, sehen wir uns dann? Ihr könnt auch gerne jemanden mitbringen ...!“

Im Anschluss connecteten wir uns auf Facebook und achteten stets darauf, dass die Freundschaftsanfrage von dem Handy unserer zukünftigen „Gäste“ an uns gesendet wurde. Somit war sicher, dass wir mit ihnen verbunden waren. Umso mehr Leute wir ansprachen, desto selbstsicherer wurden wir. Wir dachten, wir hätten den Code geknackt. Beim nächsten Teammeeting, an dem vielleicht 15 bis 20 wirklich aktive Partner teilnahmen, stellten wir völlig begeistert unsere neue Strategie vor. Wir nannten unsere Akquise-Methode „Streetgame“ und skalierten stolz hoch:

„In einer Stunde lassen sich 15 bis 20 Leute kontaktieren, die auf Facebook geaddet werden konnten. Das sind in fünf Stunden circa 75 bis 100 Leute. Davon kommen etwa zehn Prozent zum Event. Das sind sieben bis zehn Menschen. Und von denen wiederum steigen zwei bis drei ein. Wenn zehn Leute einsteigen, bleiben etwa ein bis zwei ernstzunehmende Schlüsselpersonen am Ball. Ergo: Wer fünf Schlüssel-Personen gewinnen will, sollte 25 Stunden im Monat Menschen ansprechen!“
Zusätzlich kamen wir auf die glorreiche Idee, immer eine weibliche und eine männliche Person das Street-Game spielen zu lassen, da

das nach unserem Verständnis noch viel sympathischer auf andere Menschen wirken würde.

Kurze Anmerkung: *Während ich diese Zeilen schreibe, lache ich gerade Tränen. Wir waren hundertprozentig davon überzeugt, dass unsere Rechnung aufgeht.*

Wir waren unglaublich motiviert. Bald schon hatten wir keine Berührungsängste mehr. Ganz im Gegenteil – es hat sogar Spaß gemacht. Wochenlang zogen wir diese Aktionen mit zehn bis 15 Leuten durch. Und das Ergebnis konnte sich sehen lassen. Teilweise begrüßten wir 200 Leute auf unseren Events. Wir hatten eine geniale Zeit und doch standen wir nun vor der ersten Bilanz und der nächsten Herausforderung: Hunderte Menschen kamen zu den Events, doch kaum einer stieg ein.

Wieso? Ganz einfach: Wir hatten uns vorbildlich auf die Akquise vorbereitet, aber kein Follow-Up geplant. Nichts, um neuen Partnern Tools an die Hand zu geben und mit ihnen im Gespräch zu bleiben. Also kreierten wir ein Startertraining das wir „Schulen und Verstehen“ nannten. Wir gaben Startermappen in Heftstärke aus, gespickt mit einem Leitfaden nach dem anderen. Die leuchtend-orangenen Startermappen, deren Seiten mit Rechtschreibfehlern übersät waren, sollten unser Business auf Touren bringen. Also luden wir weiterhin hunderte Menschen in einen Bürokomplex ein, machten uns mit Telefonvertrieb vertraut und setzten unsere gesamte Energie ein, um Menschen für unsere Aktivitäten zu begeistern. Die Leidenschaft für unser Business war unübersehbar – acht Wochen lang.

Nach zwei Monaten stellten wir unsere Aktivitäten von einem auf den anderen Tag ein. Mission gescheitert! Wir mussten einsehen, dass es nicht zielführend sein konnte, zehntausende Menschen darauf zu trainieren, den ganzen Tag die Einkaufsstraße hoch- und runterzulaufen und fremde Menschen anzusprechen. Auf diese Weise ließ sich die Partnergewinnung nicht zu einer riesigen Organisation duplizieren. Nun wussten wir, dass ausschließlich analoge Aktivitäten nicht zum gewünschten Erfolg führen würden.

Und genau hier liegt ein sehr wichtiger Punkt. Dies ist nur EINE Geschichte von unzähligen, in der wir etwas ausprobierten, es aber nicht funktionierte. Es gibt unglaublich viele Menschen da draußen, die das Gleiche tun, wie wir es taten – die am Anfang motiviert sind, die etwas ausprobieren, es dann aber nicht so klappt, wie sie es sich vorstellen und die dann aufgeben, weil sie meinen, gescheitert zu sein. Wir haben nicht aufgegeben, denn unser Traum war zu groß. Die erfolgreichen Menschen sind nicht die, die nicht scheitern, sondern die, die häufig scheitern und trotzdem weitermachen, während andere aufgeben.Wir konnten und wollten nicht aufgeben, dafür war unser gemeinsamer Traum zu groß. Es heißt: „Am Ende wird alles gut. Und wenn es nicht gut ist, dann ist es auch nicht das Ende!" In diesem Zusammenhang gibt es noch eine alte Weisheit die besagt: „Der Unterschied zwischen Meister und Schüler ist, dass der Meister bereits öfter hingefallen ist als der Schüler!"

Meine Strategie heißt immer: Plan-Do-Review. Etwas planen, es ausführen und nach einiger Zeit reflektieren, was funktioniert hat und was nicht. Und vor allen Dingen immer lernbereit sein. Egal was wir ausprobierten, wir schauten immer wieder nach den Basics, wir glichen immer wieder ab: Ist diese Strategie, ist dieser Weg etwas, den tausende von Menschen umsetzen können?

Und auch wenn diese Ideen nicht so funktionierten, wie wir es uns vorgestellt hatten, so hatten wir etwas anderes gewonnen: Wir sind zu einem echten Team zusammengewachsen. Und wir waren bereit für das nächste Level.

S wie Social Media & Storytelling

Bisher bist Du schon das ein oder andere Mal in diesem Buch über das Wort Social Media gestolpert. Was hat es jetzt genau damit auf sich? Wenn ich mit jemandem über das Thema spreche, sage ich gerne folgendes: „Es gibt für mich drei Arten von Menschen. Diejenigen, die Facebook oder Instagram benutzen, um lustige Videos anzuschauen und jene manchmal teilen, um sich damit die Zeit zu vertreiben. Die zweite Gruppe scrollt aus lauter Langeweile in den sozialen Medien herum und ‚stalkt' andere Menschen, um zu schauen, was diese so treiben. Und die dritte Gruppe postet aktiv eigene Beiträge, connectet sich mit anderen und teilt sich mit. Höchstwahrscheinlich findest Du Dich jetzt selbst in einer dieser Gruppen wieder. Fakt ist: Heutzutage nutzt eigentlich fast jeder ein soziales Medium. Da drängt sich die Frage auf: Warum nicht damit Geld verdienen?"

Menschen wie Barack Obama oder Donald Trump haben in einem völlig anderen Kontext bewiesen, welch unglaubliche Power Social Media hat. Die Kampagne #YesWeCan hat mit ihrer extremen Online-Viralität mit Sicherheit erheblich zum Erfolg von Obama beigetragen. Und mit über 38.000 abgesetzten Tweets führt Donald Trump weltweit die Liste der Twitter-Celebrities an. Ganz zu schweigen von dem Phänomen des Influencer-Marketings, auf das so gut wie jedes große Unternehmen der Welt heutzutage setzt. Menschen mit großer Reichweite, denen viele Menschen folgen, werden dafür bezahlt, wenn sie ein Produkt oder eine Dienstleistung tragen, benutzen oder empfehlen, sodass die Followerschaft diese Produkte kauft. 50 Prozent aller 14- bis 19-Jährigen und 33 Prozent der 20- bis 29-Jährigen* haben aufgrund von Influencer-Marketing bereits ein Produkt gekauft oder eine Dienstleistung in Anspruch gekommen (**Quelle: Statistik „Influencer – die virale Macht" vom 14.9.2017, Statista*). Unglaublich beeindruckende Zahlen. Ebenfalls hatten zwei von drei Unternehmen in Deutschland für das Jahr 2017 Budgets für Influencer Marketing vorgesehen.

Was hat das jetzt alles mit unserem Geschäft zu tun? Ganz einfach: Wer erfolgreich in unserem Geschäft ist, begeistert die meisten Menschen und bringt andere dazu, einem zu folgen. Das macht ein Influencer. Dabei geht es darum, mit dem Produkt eine positive Veränderung in dem Leben anderer Menschen zu bewirken. Das gelingt, wenn diese das Leben des Influencers verfolgen können und sich von dessen Zielen inspirieren lassen.
Network-Marketing, gepaart mit Social Media, ist unglaublich kraftvoll. Denn in den sozialen Netzwerken finden sich nahezu unendlich Kontakte. Die Kommunikation läuft heutzutage über diese Wege – und Kommunikation ist der Schlüssel in unserem Business.

Kommunikation mit Menschen. Erinnerst Du Dich an die Geschichte, in der wir Kontakte auf der Einkaufsstraße gemacht haben? Genau das gleiche kannst Du auch online starten – lokal unabhängig mit Deinem Smartphone oder Rechner. Kontakte! Menschen kennenlernen und Beziehungen knüpfen. Und genau hier liegt der Knackpunkt. Wie positionierst Du Dich richtig auf Social Media? Am besten machst Du es nicht so wie wir bei unserem „Streetgame“, also wildfremde Menschen einfach so ansprechen. Es geht viel eher darum, Dich interessant zu machen und zu einer Person zu werden, in deren Umgebung sich andere Menschen gerne aufhalten und mit der man Zeit verbringen möchte. Verbinde Dich online mit anderen Menschen und baue zu ihnen eine Beziehung auf.

Wie sieht jetzt aber diese Positionierung aus? Ausschließlich Deine Produkte posten und mitteilen, wie toll diese doch sind – oder behaupten, dass Network-Marketing die Lösung aller Probleme darstellt, macht keinen Sinn. Wir machen keine Werbung. Das hat in vielen Fällen eher negatives Feedback zur Folge und verstimmt viele Menschen. Es geht vielmehr darum, ein Gefühl zu vermitteln und Menschen zum Nachdenken anzuregen. Es gibt drei Punkte, die Dir dabei helfen werden, dieses Gefühl zu erzeugen.

1. Überlege Dir, welche Charaktereigenschaften sind für Dich wichtig. Wie sieht DEIN perfekter Businesspartner aus? Male am besten ein Strichmännchen in die Mitte eines leeren Blatts und schreibe drumherum diese Eigenschaften auf. Und dann geht es darum, genau diese Dinge auf Social Media widerzuspiegeln. Denn Du ziehst immer solche Menschen an, die so sind wie das, was Du ausstrahlst.

2. Was ist Deine ganz persönliche Geschichte? Hast Du Dir jemals wirklich Gedanken über Deine Vergangenheit gemacht? Welche Entscheidungen hast Du an welchem Punkt in Deinem Leben getroffen? Was hat dazu geführt, dass Du heute dort bist, wo Du bist? Was hat Dich gestört? Was war gut? Völlig egal, ob Du gerade ganz am Anfang in Deinem Business stehst, oder noch nicht einmal gestartet bist. Und natürlich: Welche Veränderungen haben sich in Deinem Leben eingestellt und Deine Einstellung verändert – durch die Produkte und das Business? Verzichte jedoch darauf, letztere explizit zu nennen. Schreibe Deine eigene Story auf und dann teil Deine Geschichte, Deine Vergangenheit und Deine Entscheidungen immer wieder auf Social Media.

3. Was sind Deine Ziele? Wo möchtest Du hin? Menschen folgen anderen Menschen, die wissen, wo sie hinwollen. Das ist ganz entscheidend. Alle großen Leader, die es auf der Welt gab und gibt, haben diese Anziehung, weil sie ganz genau wissen, wo sie hinmöchten. Was sind Deine kurzfristigen, mittelfristigen und langfristigen Ziele? Teilst Du dies ebenfalls regelmäßig über Social Media, schaffst Du es genau solch eine Anziehung zu erzeugen.

Wenn Du diese drei Hinweise als Grundlage für Deine Social-Media-Aktivitäten umsetzt, wirst Du unweigerlich Menschen dazu bringen, sich für Dich zu interessieren. Und wie baust Du dann diese Beziehungen auf und aus? Indem Du Fragen stellst. Wer fragt, führt. Dies ist eine ganz wichtige Lesson. Die meisten Menschen geben zu viele Antworten und vergessen Fragen zu stellen. Sie erzählen lieber von sich. Der Grund dafür ist auch völlig verständlich: Jeder Mensch will bedeutsam sein. Jeder Mensch möchte sich tief in seinem Inneren mitteilen, gehört werden und Anerkennung bekommen. Und die größte Anerkennung gibst Du Menschen, indem Du ihnen zuhörst und Fragen stellst.

Die Qualität Deiner Fragen
bestimmt die Qualität in Deinem Leben.

Ein ganz entscheidender Punkt beim Thema Social Media ist: Consistency. Ich sehe immer wieder Menschen, die anfangen Inhalte zu posten und die ihre Aktivitäten einstellen, weil sie nicht direkt das Ergebnis bekommen, das sie sich wünschen.

Play the long term game.

Je mehr Value Du in den sozialen Medien verbreitest und damit Vertrauen aufbaust, desto besser wird die Reaktion aus Deinem bereits vorhandenen Netzwerk sein. Und desto besser werden die Beziehungen mit Menschen werden, mit denen Du Dich neu verknüpfst. Dein Einfluss und die Community – die Du online aufbaust – werden größer. Und dabei geht es nicht darum perfekt zu sein, sondern greifbar und authentisch, damit sich die Menschen mit Dir identifizieren können.

Die vier Bereiche des Storytellings:
Vielleicht hast Du den Satz schon mal gehört: „Fake it until you make it". Quasi etwas vortäuschen in bestimmten Bereichen wie Lifestyle, Einkommen oder dem, was Du sagst und zeigst, bis es tatsächlich da ist. Ein sehr komplexes Thema und vor allen Dingen

in unserer Branche im Network-Marketing etwas, was einem oft begegnet.

Natürlich gehört zu unserem Business ein gewisser Lifestyle. Ein Lebensstil, der in gewisser Weise Erfolg widerspiegelt. Erfolg ist natürlich für jeden Menschen völlig unterschiedlich. Für den einen ist Erfolg ganz klar mit Geld verbunden, für den anderen bedeutet Erfolg eine glückliche Beziehung. Und wieder andere verstehen darunter ein schnelles Auto, oder viel Zeit für die Familie aufbringen zu können.

Da unser Business alle Bereiche abdeckt, die Menschen mit Erfolg identifizieren, geht es natürlich auch darum, dies nach außen hin zu präsentieren. So zieht man Menschen an und inspiriert sie. Das bedeutet am Ende des Tages: Storytelling ist der wichtigste Skill in unserem Business. Es geht weniger um Daten und Fakten als darum, eine Geschichte zu erzählen, die bei einem anderen Menschen einen Triggerpunkt auslöst. Und dieser Triggerpunkt führt letztendlich dazu, eine Entscheidung zu treffen. Einer meiner Mentoren hat einmal zu mir gesagt „We are getting paid for creating dreams" – „Wir werden dafür bezahlt, um Träume zu erschaffen!" Die größten Leader und erfolgreichsten Führungskräfte sind diejenigen, die es schaffen, dass andere Menschen anfangen zu träumen, oder Träume, die längst verstaubt in den Tiefen des Unterbewusstseins in einer Kiste liegen, wieder hervorzurufen und aufleben zu lassen.

Um Geschichten zu erzählen, die andere inspirieren und von etwas begeistern sollen, braucht man natürlich als erstes einen Mehrwert. Etwas, das ein Verlangen in jemandem auslöst. Und es gibt genau vier Gründe, warum Menschen unser Business machen – vier Bereiche, in denen Du Geschichten erzählen kannst. Es handelt sich bei diesen vier Bereichen um die Grundbedürfnisse der Menschen. Viele Dinge, die wir tun, Entscheidungen, die wir treffen, beruhen darauf, dass wir einen dieser Bereiche befriedigen möchten. Die ganz großen Konzerne da draußen – amerikanische Limonadenhersteller, Logistikdienstleister und Motorradbauer, die den amerikanischen „way of life“ repräsentieren, bauen ihr Storytelling (*und Marketing*) genau darauf auf.

Der erste Bereich: Freiheit

Menschen, denen das Bedürfnis Freiheit sehr wichtig ist, sind meistens diejenigen, die ihren Wecker verteufeln. Sie mögen diese Art und Weise der Fremdbestimmung nicht. Oft sind sie Rebellen in der Schule, Leute, die sich nicht gern etwas sagen lassen. Diese Menschen haben nicht selten Probleme mit Vorgesetzten oder Autoritäten und sie träumen davon, die Welt zu bereisen. Gerne exotische Orte wie Bali, Südamerika oder Thailand. Sie reagieren eher genervt auf Zeitvorgaben – der Arbeitswochenstart am Montag hemmt die Laune. Oft bezeichne ich diese Menschen als Einhörner.

Network-Marketing bietet genau diese Freiheit und die Möglichkeit, sich abseits der normalen Konventionen eine Freiheit und Unabhängigkeit aufzubauen, die in einem normalen Angestelltenverhältnis oder in der klassischen Selbstständigkeit nicht einmal im Ansatz möglich sind. Niemand schreibt Dir vor, wann Du etwas zu tun hast. Ob Du von Deinem Schreibtisch, von der Couch, aus dem Bett, vom Strand oder in der Bahn arbeitest, bleibt Dir überlassen. Du brauchst heutzutage nicht viel mehr als ein Smartphone oder einen Laptop und eine funktionierende Internetverbindung. Der Traum vom „Dauer-Urlaub“ und dabei von jedem Ort der Welt aus arbeiten zu können, kann mit diesem Business zur Realität werden.

Der zweite Bereich: Sicherheit

Menschen, denen Struktur und Ordnung sehr wichtig sind, lieben Sicherheit. Für viele Frauen ist das größte Bedürfnis Sicherheit. Das hat ganz einfach biologische Gründe, da das Thema Familie für Frauen einen sehr hohen Stellenwert hat. Und für Familie ist nun einmal Sicherheit in der Zukunft wichtig. Absicherung und Sicherheit. Aber natürlich gibt es auch Männer, für die Sicherheit sehr wichtig ist. Ich selbst komme aus Stuttgart im Schwabenland. Eines der gängigsten Sprichworte in unserer Region ist „Schaffe, schaffe, Häusle baue", was bedeutet: „Such' Dir einen sicheren Job, sei dort fleißig und erfülle Dir den Traum vom Eigenheim." Menschen, die z.B. bei einer Bank arbeiten oder in anderen traditionsreichen Berufen, tun dies oft, weil sie damit eine bestimmte Sicherheit und Absicherung für die Zukunft assoziieren. Doch wahrscheinlich ist für die meisten, die dieses Buch lesen, das, was man früher als „sicher" bezeichnet hat schon lange nicht mehr das, was tatsächlich noch sicher ist. Laut einer Statistik der KfW Studie wurden seit der Jahrtausendwende bis ins Jahr 2017 sage und schreibe 10.200 Bankfilialen in Deutschland aufgegeben. Alleine im Jahr 2014 und 2015 schlossen 2.200 Bankfilialen. Als Treiber dieser Entwicklung vermuten Experten die Digitalisierung. Dieser Trend zieht sich durch alle Berufe und alle Gesellschaftsschichten.

Als ich Anfang des Jahres 2018 in die Schweiz zog und ein Solarium aufsuchte, dachte ich im ersten Solarium in meiner Gegend, es sei ein schlechter Scherz, dass ich dort keinen Angestellten fand. Nach fünf weiteren Solarien, die ich aufsuchte, verstand ich, dass diese in der Schweiz vollautomatisert ohne Personal laufen. Laut einer Oxfordstudie aus dem Jahre 2017 werden in den nächsten zehn Jahren bis zu 50 Prozent aller Jobs in den hoch entwickelten Ländern in Europa verschwinden. Buchhalter, Ärzte, Lehrer, Bürokraten und Finanzanalysten können durch Maschinen, Roboter und Programme problemlos ersetzt werden.

Das soll keine Angst machen – ganz im Gegenteil. Natürlich werden neue Jobs nachkommen. Aber eben nur für die Menschen, die offen dafür sind, rechtzeitig Trends zu erkennen und sich nicht davor verschließen. Aus diesem Grund ist das alte „sicher" schlicht und ergreifend nicht mehr sicher.

Ähnlich sieht es mit der Rente aus. Die Menschen, die in meinem Alter sind, also die Generation Y (*Gen Y*), werden höchstwahrscheinlich von der staatlichen Rente nicht mehr viel haben. Auch aus diesen Gründen bietet unsere Business-Möglichkeit eine unglaubliche Chance für einen Plan B, wie jeder sich nebenher etwas aufbauen kann. Denn das Geschäftsmodell der Weiterempfehlung eines Produkts oder einer Dienstleistung gibt es wahrscheinlich schon, seitdem wir Menschen denken können. Ebenso gab es schon immer Netzwerke von Menschen in bestimmten Interessengruppen und sie wird es auch immer geben. Ein gutes Netzwerk ist die Währung der Zukunft.

Somit erfüllt unser Businessmodell genauso das Bedürfnis nach Sicherheit und Absicherung für Menschen, denen dies sehr wichtig ist. Ein gutes Beispiel einer Firma, die mit dem Bedürfnis Sicherheit ihre Kunden begeistert, ist z.B. Fedex. Schau Dir einfach mal ein paar Videoclips an und Du wirst merken, wie sie auf Dich wirken.

Der dritte Bereich: Community und Gemeinschaft

Ein Punkt der von vielen unterschätzt wird, aber unglaublich wichtig ist: Ich stelle an dieser Stelle immer gerne eine Frage, wenn ich vor Menschen spreche. Wer von Euch kennt Menschen, die beim ersten Sonnenstrahl im Frühling den Grill auf die Terrasse stellen und alle Nachbarn zu einer Gartenparty einladen? Alle müssen dabei immer lachen. Denn wir kennen sie alle. Die Community-Menschen. Sie lieben Feste aller Art, Zusammenkünfte oder sonstige Aktivitäten, bei denen es gesellig zugeht. Sie sind nicht gerne alleine. Sie genießen es, mit anderen Menschen zusammen zu sein, es bedeutet Erfüllung für sie. Und wo gibt es ein besseres Umfeld für solche Menschen als in unserem Geschäft? Im Kapitel „C wie ClubW" werde ich dieses Thema weiter beleuchten.

Vierter Bereich: Selbstverwirklichung

Menschen, die ein starkes Bedürfnis nach Selbstverwirklichung haben, sind meistens Menschen, denen die äußeren Umstände nicht sehr wichtig sind. Sie geben sich mit wenig zufrieden, weil sie keinen großen Wert auf Konsum legen. Dieser Schlag Mensch ist sehr anpassungsfähig, flexibel und unglaublich spontan. Diese Leute sind nirgendwo richtig einzuordnen. Manche von ihnen fühlen sich als Außenseiter – sie sind ständig auf der Suche. Wonach genau, wissen sie selbst häufig nicht. Wechselnde Freundeskreise gehören zu ihnen – an langfristigen Bindungen sind sie wenig interessiert. Sie sind ständig auf der Suche, um ihr Potential zu entfalten und nach Möglichkeiten, etwas zu schaffen. Es sind oft die typischen Underdogs, die irgendwann zum Platzhirsch werden.

Und auch für diese Menschen bietet unser Geschäft eine unglaubliche Bühne, um sich zu entfalten. In nahezu allen Bereichen, die man sich nur vorstellen kann. Dieser Punkt ist für mich persönlich sehr wichtig. Selbstverwirklichung war immer mein wichtigstes Bedürfnis. Natürlich gibt es auch zu allen anderen Punkten viele Anknüpfungspunkte, aber am prägnantesten war für mich immer der Wunsch, etwas bewegen zu können.

Ich bin mir sicher, dass Du an der einen oder anderen Stelle lächeln musstest, weil Du Dich selbst wiedererkannt hast. Und das ist auch gut so. Denn damit hast Du eine Idee, wie Du Deine Geschichte erzählen kannst. Die Kunst ist es, jetzt herauszufinden, was genau Dein Gegenüber möchte. Welcher dieser Punkte spricht sie oder ihn am meisten an? Wenn Du das herausfindest, weißt Du, worauf Du hinarbeiten kannst. Wie Du das Bedürfnis Deiner Gesprächspartner herausfindest? Ganz einfach. Indem Du sie danach fragst. Am besten sprichst Du das Thema nicht nur an, sondern zeigst auch, wo sich genau dieser Bereich in unserem Business widerspiegelt. Entweder in deiner eigenen Geschichte und Erfahrung oder in der Geschichte von jemand anderem . Und hier kommen wir zum Thema „Fake it until you make it". Hier haben Menschen in unserem Business manchmal das Gefühl, sie müssten etwas zeigen, was sie nicht haben, um ihr Gegenüber zu beeindrucken. Das Spannende daran ist: Es ist genau umgekehrt. Menschen spüren genau, was Du sagst. Und jetzt kommt ein ganz wichtiger Satz:

Menschen folgen Dir weniger wegen dem, was Du hast, sondern vielmehr wegen der Dinge, an die Du glaubst.

Erinnerst Du Dich an die Geschichte, wie ich das Business kennengelernt habe? Die Person hatte damals nicht versucht, mich mit angeblichen Dingen zu beeindrucken, die sie in ihrem Leben hatte. Sondern ich räsonierte absolut mit der Geschichte der Selbstverwirklichung und ich war inspiriert davon, dass jemand, der gerade einmal ein Jahr älter war als ich, so einen starken Glauben ausstrahlte, mit dem was er tat und was er erreichen wollte.

Diese zwei Dinge werden Dich enorm darin unterstützen, Dir ein großes Geschäft aufzubauen:

Erstens: Werde ein Meister im Geschichtenerzählen. Erkenne das wichtigste Grundbedürfnis und den Antreiber Deines Gegenübers, und erzähle ihm die Story, die seinem Leben einen neuen Impuls verleiht. Vergiss dabei nicht: „Facts tell, but stories sell".

Zweitens: Weniger „Fake it until you make it" sondern „Faith it until you make it". Wenn nötig, rede es Dir solange ein, bis Du echt daran glaubst. Der Glaube an Dich selbst und das, was Du tust, wird lange das Einzige sein, was Du haben wirst, denn das Business funktioniert nicht immer so, wie Du es Dir vorstellst und wünschst.

R wie Resultate

Im Jahr 2016 erreichte ich – als damals jüngster männlicher Vertriebspartner der Welt – die höchste internationale Position in unserer Firma. Im Oktober des gleichen Jahres hatten wir eine große Convention mit 4.000 Menschen in Berlin. Ich werde diesen Tag niemals vergessen und erinnere mich gerne und mit Gänsehaut an dieses Event zurück.

Ich bekam an diesem Tag nicht nur meine Auszeichnung für das Erreichen der Position, mir wurde auch die riesige Ehre zuteil, Abschlusssprecher dieser Convention zu sein. Zu diesem Zeitpunkt war ich drei Jahre im Geschäft mit Höhen und sehr vielen Tiefen. Aber das war nicht das einzige, sondern es gab einen ganz speziellen Moment, der mir damals den Atem raubte.

Kurz vor der Mittagspause der Veranstaltung schrieb ich in die WhatsApp-Gruppen der Leader in unserem Team, dass ich gerne ein Teamfoto mit dem ganzen Movement machen würde. Als Ort wählte ich das Foyer – direkt vor der Convention-Halle –, da es dort einige Fotowände von unserer Firma gab. Die Convention war also beendet und ich unterhielt mich noch mit einigen Menschen, bevor ich mich zum Ausgang begab, da ich wusste, dass es sowieso noch einige Zeit dauern würde, bis sich unser Team im Foyer eingefunden hatte. Alle waren durch WhatsApp-Gruppen von dem Fototermin informiert worden. Umso weiter ich mich dem Ausgang näherte, desto mehr Menschen sah ich plötzlich ganz dicht beieinanderstehen. Wie bei einem Konzert, bevor sich die Türen zur Halle öffnen. Ich fragte mich, was dort los war und woher der Stau dort kam. Ich näherte mich der Menschenansammlung und entdeckte plötzlich eine Menge bekannter Gesichter. Partner aus Deutschland, Österreich und der Schweiz. Und selbst die Gesichter, die ich nicht kannte, begrüßten mich freundlich und ich realisierte, dass sie vermutlich auch bei ClubW waren.

Ich versuchte mich durch die Menschenmengen zu drängen, da ich dachte, das Team wäre schon bei der Fotowand. Plötzlich beschlich mich ein eigenartiges Gefühl. Ich drehte mich im Kreis und sah überall ausschließlich Teampartner aus unserem Movement. Ich stellte mich auf die Zehenspitzen, da ich mit 1,72 m körperlich nicht der Größte bin, und versuchte, über die Köpfe hinweg zu sehen, was vor sich ging. Langsam dämmerte es mir und ich verstand: All diese Menschen hier sind von ClubW. Ich bekam Gänsehaut, als ich begriff, dass ein Teamfoto vor einer Wand überhaupt gar nicht möglich war, da in dem Foyer, das über 1.000 Menschen fasste, unser Movement dicht an dicht stand.

Ich wusste gar nicht, wie ich reagieren sollte, doch ich hatte eine Idee. Normalerweise bin ich eine Person, die keine Probleme damit hat, die Stimme zu erheben, wenn eine Planung und Koordination nötig sind. Aber ich war in diesem Moment so ergriffen, dass ich nicht konnte. Ich drängte mich zur Fotowand, wo auch einige Hocker standen und winkte einem Freund aus meinem Team zu mir, von dem ich wusste, er wäre der Richtige dafür und sagte ihm: „Schau, dass Du Dich auf einen Hocker stellst, wo Dich jeder sieht und sag' den Leuten, sie sollen in die Convention Halle auf die große Bühne kommen. Wir machen dort das Bild!" Gesagt, getan – er formte seine Hände zu einem Trichter, stieg auf den Hocker und rief allen zu, was der Plan war.

Ich selbst war in diesem Moment keines weiteren klaren Gedanken fähig, als mir die Tragweite von dem klar wurde, was wir bewegt hatten – angefangen vom McDonald's, wo mir das Business gezeigt wurde, bis hier zu diesem Moment. Die Menschen drückten sich Richtung Tür und ich lief zu einer kleinen Seitentür, um mir das

Spektakel anzuschauen. Von der einen Seite der Halle aus sah ich einen wahren Menschenstrom durch die Türen sich Richtung Bühne schlängeln. Ich muss grinsen, während ich das hier schreibe, denn mir stand tatsächlich der Mund offen. Meine Blicke suchten meine Upline, der ebenfalls aus einiger Distanz beobachtete, was passierte und unsere Blicke kreuzten sich. Wir mussten lächeln, denn wir merkten, dass der jeweils andere genauso wenig kapierte, was da vor sich ging. Die ersten aus unserem Team erreichten die Bühne und reihten sich dort auf. Eine Reihe, zwei Reihen, drei Reihen und plötzlich war die Bühne voll. Ich schaute Richtung Türen, aber der Menschenstrom schien nicht zu versiegen. Vor der Bühne reihten sich die nächsten Menschen auf. Die Energie war unglaublich, denn jeder spürte, dass sich hier etwas Einzigartiges abspielte. Hier wurde gerade Geschichte geschrieben.

Und jede Geschichte hat einen Anfang. In diesem Falle im Sommer 2015 an einem Strand in Marbella.

Q wie Qualität & Quantität

Neben der Möglichkeit, sich jeden Tag fast zu jeder Zeit online mit Leuten aus dem Movement zu umgeben und gemeinsam mit ihnen zu arbeiten und Spaß zu haben, gibt es natürlich auch unsere riesigen ClubW Bootcamps und Conventions mit mittlerweile Tausenden von Menschen und ein sehr spezielles Leaderincentive einmal im Jahr. Aber es gibt ein Event, das immer unser Jahreshighlight ist. Unsere Teamreise.

Die Idee dahinter ist, einmal im Jahr zusammen für eine Woche in den Urlaub zu fahren und als Team eine coole Zeit zu haben. Ein Teil der Teamreisen ist natürlich auch Coachings, aber der größte Teil bezieht sich tatsächlich auf das Miteinander dort. Die Gespräche, das Feeling, den Network-Lifestyle wirklich zu leben – auch, wenn man nicht unglaublich erfolgreich ist; das bedeutet von überall aus mit dem Smartphone zu arbeiten. Tatsächlich einmal im Jahr in diese Welt zu schnuppern, die Energie zu spüren, die eigene Vision zu vergrößern und dies ganz nach dem Leitsatz „Proximity is Power".

Dieser Satz war übrigens einer der Sätze, die für immer mein Leben veränderten. Tony Robbins, wahrscheinlich der bekannteste Motivations- und Erfolgscoach der Welt, wurde einmal in einem Seminar von ihm, das über mehrere Tage geht, gefragt: „Tony, was ist der wahre Unterschied? Der Unterschied zwischen Zero und Hero? Der Unterschied zwischen einem erfüllten Leben und einem Leben voller zerplatzter Träume? Der Unterschied zwischen „Broke" und „Millionär". Tony sagte dem Seminarteilnehmer: „Ich kann Dir diese Frage tatsächlich jetzt im Moment nicht beantworten. Aber heute Abend telefoniere ich mit einem Freund von mir. Er ist Milliardär und ihm werde ich diese Frage stellen!"

Am Abend telefonierte Tony Robbins mit seinem Freund und stellte ihm die gleiche Frage. Dieser sagte: „Tony, ich kann Dir diese Frage nicht beantworten, aber ich habe morgen einen Flug mit fünf meiner Freunde. Sie sind ebenfalls Milliardäre und ich werde dieses Thema mit Ihnen besprechen!“ Am nächsten Abend bekam Tony Robbins einen Anruf von seinem Freund, der nach dem Flug mit den anderen Milliardären nur drei Wörter zu Tony sagte: „Proximity is Power“ – zu Deutsch: Nähe ist Stärke!

Als ich diese Geschichte das erste Mal hörte, machte es bei mir klick. Natürlich, genau das war der Unterschied. Um es ganz drastisch zu sagen: Wenn Du Dich mit neun Menschen umgibst, die keinen Job haben und sich über das Leben beschweren, dann wirst Du bald der Zehnte sein. Wenn Du Dich mit neun Menschen umgibst, die Millionäre sind, guess what? Du wirst über kurz oder lang der Zehnte sein. Das Umfeld ist alles.

Du bist der Durchschnitt der 5 Menschen,
mit denen du die meisten Zeit verbringst!
You become who you spend time with.

Eine Lektion, die sehr hart für mich war. Denn als ich mein Business ernsthaft anfing aufzubauen, ließ ich viele Freundschaften, die ich teilweise über zehn Jahre gepflegt hatte, hinter mir. Nicht, weil ich diese Menschen nicht mehr mochte, sondern weil ihre Ziele und meine in gegenüberliegenden Richtungen lagen. Deshalb versuche auch Du Dich immer in einem Kreis von Menschen zu bewegen, die dort sind, wo Du hinmöchtest. Und genauso lautet das Geheimnis des echten Teamaufbaus – nämlich ebenfalls „Proximity is Power“. Wenn Du schon ein gutes Mindset hast, welches Du von anderen übernommen hast, ist es fast schon Deine Pflicht, so viel Zeit wie möglich mit Deinen Partnern zu verbringen, dass sie von Dir all dies erfahren und von Deiner Nähe profitieren und wachsen. Und dafür sollte Dir kein Kilometer und kein Investment zu viel sein. Ich sage immer wieder:

„Wir bauen unser Geschäft nicht mit Menschen auf, sondern wir bauen Menschen in unserem Geschäft auf!"

Und das funktioniert nur durch „Proximity".

Unsere Teamreise ist „Proximity is Power" par excellence. Eine Woche Zeit mit Menschen verbringen, die genau da sind, wo Du hinwillst und die so ticken wie Du. Unbezahlbar!

Die Geschichte hinter unserer Teamreise ist legendär. 2014 bei unserer ersten Teamreise waren wir acht Leute. Ich selbst war damals nicht dabei, weil ich keinen Urlaub bei meinem Arbeitgeber bekommen hatte und ich das Business noch Part Time machte. Es gibt ein Bild von dieser Teamreise mit acht Leuten, die auf einem Tretboot im Meer saßen. Wir hatten noch keinen richtigen Teamnamen und zu dem Zeitpunkt hatten wir monatlich vielleicht 20 neue Partner im Team.

Die nächste Teamreise war 2015. Ich organisierte damals alles und es war ein absolutes Chaos. Wir flogen nach Ägypten und hatten eine wirklich witzige Zeit. Völlig unstrukturiert und unorganisiert. Wir waren dort 56 Partner und einige, die heute das Top Leadership sind und zu den erfolgreichsten im Team gehören, hatten dort ihren ganz persönlichen Klick-Moment. Ganz in der Tradition des Tretboot-Bildes von der ersten Reise mieteten wir zwei kleine Bötchen. Es entstand ein Bild, gemacht mit einem Selfie Stick, von allen gemeinsam auf einem der Boote, und es sah wirklich das erste Mal nach einem richtigen Team aus. Alle freuten sich, warfen die Arme in die Luft und man konnte erkennen, dass man eine Menge Spaß hatte. Am Ende der Teamreise erzählte ich meine Vision, das nächste Mal mit dreimal so vielen Leuten auf eine Reise zu gehen.

Im Mai 2016 dann ging es in die Türkei. Dieses Mal waren wir sage und schreibe 156 Partner dort. Das Team umfasste bereits weit über 5.000 Partner und es stiegen jeden Monat hunderte neue begeisterte Partner bei ClubW ein. Das Foto, das damals entstand, war der absolute Wahnsinn. Die Bootsparty fand diesmal auf einem riesigen Piratenschiff statt, das auf drei Decks aufgeteilt war. Wir hatten eine Schaumparty, ein Videoteam und für alle war es damals tatsächlich wie in einem Film. Die Tradition des „Bootselfies“ wurde natürlich fortgeführt. Wir begaben uns alle auf eine Seite des Schiffes, kletterten zu viert ganz vorne zum Bug und machten wieder mit dem Selfiestick ein Foto. Was für eine Power mit über 150 Leuten im Hintergrund. Natürlich war der Effekt, den wir damit auf Social Media hatten, unglaublich. Es waren Fotos, wie man sie sonst nur von Travelinfluencern oder aus Filmen her kennt. Denn normalerweise erwartet man von Anfang bis Mitte 20-Jährigen eher Bilder vom Ballermann oder beim Party machen auf Ibiza anstatt so etwas. Meine Vision für 2017 waren mindestens 300 Leute.

Im Mai 2017 ging es dann das erste Mal mit einem wirklich internationalen Team auf Teamreise. Mehr als 350 Partner aus Deutschland, Österreich, Schweiz, Schweden, Frankreich und Belgien. Dementsprechend wurden die Coachings in mehreren Sprachen gehalten. Fast das gesamte Hotel war von ClubW im wahrsten Sinne des Wortes belagert, und das Feeling war einfach nur wunderschön. Das obligatorische „Bootsparty-Foto“ war dieses Mal eine echte Herausforderung. Als wir, wie im vergangenen Jahr, versuchten, von einer Seite des Piratenschiffs, welches dieses Mal fast doppelt so groß war, ein Selfie zu machen, brach das Dach des oberen Decks etwas ein und wir hatten kurz ein kleines Sicherheitsproblem. Nachdem dies behoben war und sich Gott sei Dank niemand verletzt hatte, stellten wir uns alle an die Reling und machten unser Foto mit einer Drohne, weil sonst niemals alle draufgepasst hätten. Manche saßen auf der Reling auf allen drei Decks, manche saßen hoch oben im Mast und manche lagen in den Netzen, die seitlich zwischen den Masten gespannt waren. Wahrlich ein Bild für die Ewigkeit. Am Ende der Teamreise war die

Vision für 2018 ganz klar: 700 Menschen und mindestens zwei Schiffe.

Dieses Jahr im Mai war es dann soweit. Es waren tatsächlich mehr als 700 Partner und dieses Mal sogar mehr als 40 Kinder. Wieder ein Beweis dafür, wie genial dieses Geschäft für Familien oder Mamas geeignet ist. Dieses Mal gehörte das Hotel uns – und wir hatten die Zeit unseres Lebens. Mein französisches Team, das mit mehr als 100 Leuten anwesend war, hatte einen eigenen Coachingraum, und generell war das Feeling sehr international. Letztendlich waren wir sogar drei riesige Piratenboote und wieder musste die Drohne für das Bild herhalten. Zu dem Zeitpunkt der Teamreise stiegen jeden Monat ungefähr 2.000 neue Partner aus der ganzen Welt in unser Movement ein.

Perfekt zu dieser Geschichte passt der Satz „Menschen überschätzen völlig, was in einem Jahr passiert, aber unterschätzen was in drei Jahren passiert“.

Völlig unspektakulär von acht Leuten auf einem Tretboot im ersten Jahr, zu einer Teamreise mit Hunderten von Leuten vier Jahre später. Vier Jahre Geduld, eine Achterbahnfahrt mit vielen Ups und Downs.

P wie Partner und Phänomene

Erinnerst Du Dich noch, was mich davon abgehalten hat, den Chefsessel des Porsche-CEOs ins Visier zu nehmen? Als Azubi war es mir gesetzlich untersagt, die Extrameile zu gehen. Im Network-Marketing hingegen gab es diese Chance.

Als Neueinsteiger im Business kann ich Dir einen wesentlichen Rat mit auf den Weg geben:

Gib alles, erwarte nichts und Du wirst alles bekommen.

Doch dafür liegt ein langer Weg vor Dir. Ich gehe hier bewusst auf das Thema Erwartungshaltung ein, weil ich weiß, dass dies einer der Hauptgründe für das Scheitern auf dem Weg zum Erfolg ist. Keiner der Tech-Milliardäre aus dem Silicon Valley wäre heute dort, wo sie stehen, wenn sie nicht bereit gewesen wären, sich auf den Weg zu machen, die richtigen Leute zu suchen und mit denen an echten Lösungen zu arbeiten.

Am Anfang musst Du lernen, mit Frust umzugehen, Niederlagen zu verdauen, trotzdem lächeln und Dich durchkämpfen. Ziehe die Wanderstiefel an, denn die Extrameilen, die vor Dir liegen, werden steinig. Du wirst arbeiten, wenn andere schlafen, und Vollgas geben, wenn andere Pause machen. Wenn Du müde bist, drücke weiter aufs Gas. Wenn andere im Freibad chillen, oder in den Urlaub fahren, fährst Du auch. Aber zu Deinen Kunden und Partnern. In der prallen Sonne. Du sitzt im Auto, während andere liegen. Und stehst und redest Dir den Mund fusselig, wenn andere an der Bar sitzen. Und weißt Du, wieso? Weil das jeder andere erfolgreiche Unternehmer auf der Welt auch so macht – oder gemacht hat – und bereit war, mehr zu tun und weniger zu erwarten. Natürlich gibt es viele Menschen, die betreiben Network-Marketing nebenher, um ein paar hundert Euro zu verdienen und das ist auch völlig in Ordnung. Du kannst Dir mit diesem Business ein Einkommen wie in einem Nebenjob aufbauen, ohne jeden Tag die Extrameile zu gehen. Aber Du wirst nicht die höchste Position in Deinem Marketingplan erreichen, wenn Du nicht bereit bist, die Extrameile zu gehen.

Ich habe mich mal gefragt, wieso viele Menschen nicht den gleichen Antrieb haben wie ich und kam auf eine Antwort, die mir plausibel erscheint.

Die meisten haben diese Bissigkeit nicht in sich verankert, weil sie auf jede Aktion eine Reaktion erwarten. Das Ganze fängt in der Schule an. Wenn ich heute für einen Vokabeltest lerne, bekomme ich eine gute Note (*wenn ich richtig lerne*), oder eine schlechte, wenn ich gar nicht lerne. Im Berufsleben setzt sich das Belohnungssystem ähnlich fort.

Im Network-Marketing funktioniert das nicht. Du weißt (*am Anfang*) in den seltensten Fällen, welche Auswirkung die Aktion hat, die Du heute fährst. Ist die Person, der Du heute gegenübersitzt, ein Diamant und wird sie, wenn Du ihr die Chance dazu gibst, ein riesiges Business aufbauen – oder nie aktiv werden? Du weißt es nicht. Du kannst nicht wissen, ob die Person mit dem anscheinend größten Potential am Ende auch rockt, oder sich die großen Sprüche als Luftblasen entpuppen. Du kannst es von vornherein nicht wissen.

Doch wenn Du bereit bist, drei bis fünf Jahre lang jeden Tag kontinuierlich die Extrameile zu gehen und die Dinge tust, die Deine Komfortzone zerreißen, dabei nichts und niemandem die Schuld für Deine Entscheidungen gibst, weder der Jahreszeit, der Stadt oder den Menschen, mit denen Du Dein Business aufbauen möchtest, noch dem Marketingplan, Deiner Upline oder Deinen eigenen

Partnern und Dich stetig weiterentwickelst, dann wirst Du eines Tages das Business kreiert haben, das Du vor Deinem geistigen Auge siehst. Dass Du dabei Dein Ego runterschraubst, offen und lernbereit bist, die Dinge umzusetzen, die Du von Deinen Mentoren lernst, versteht sich von allein. Ich habe, wie auch in den anderen Kapiteln, eine passende Anekdote zu diesem Thema. Sie beschreibt dieses Thema einfach in seiner ganzen Dimension und ist eine meiner Lieblingsgeschichten.

Eines Tages, nachdem ich das Business ein Jahr nebenberuflich aufgebaut hatte, hatte ich den Entschluss gefasst, hauptberuflich richtig Vollgas zu geben. Ich war mitten in der heißen Phase meines Geschäfts.

Mir war alles egal, ich schlief kaum, investierte jeden Cent von den paar hundert Euro, die ich im Moment mit Network-Marketing verdiente, in den Aufbau. Zu dieser Zeit begann eine Person in meinem Team wirklich aktiv zu werden. Sein Name ist Rene, und wir sind uns in vielen Dingen sehr ähnlich.

Er war ein Kontakt von einem meiner Partner und wir zeigten ihm das Business bereits einige Monate zuvor. Jedoch war damals nicht der richtige Zeitpunkt für ihn, denn er bekam gerade die Zusage für ein duales Studium und hatte mit dieser hochqualifizierten Ausbildung eine konkrete Vorstellung, wie seine Zukunftspläne aussehen sollten. Ähnlich wie ich damals, wollte er in einem Unternehmen ganz groß Karriere machen.

Unser Meeting in der Shisha-Bar hatte ich nicht vergessen. Der Junge hatte Potential und hätte gekonnt. Doch er wollte nicht. Es war einfach nicht der richtige Moment. Ich wollte aber nicht so einfach aufgeben. Als Abschiedsgeschenk bekam er von mir eine CD, auf der ein Universitätsprofessor über die Digitalisierung sprach und über die Konsequenzen für Arbeitnehmer, über die Zukunft und darüber, dass der Generation Y höchstwahrscheinlich keine Rente mehr bleibt. Ich weiß nicht warum, aber irgendetwas in mir sagte, dass ihn dies ins Grübeln bringen würde.

Und tatsächlich. Mein Partner schrieb mir, dass Rene – einige Monate später – nun doch einsteigen würde. Ich freute mich, denn ich hatte von der ersten Minute an das Gefühl, dass wir auf der gleichen Wellenlänge waren. Er startete und setzte alle Hebel in Bewegung, um Erfolge zu produzieren. Weder ließ er sich von den vielen Neins neuer Kontakte noch von der Negativität aus dem eigenen Umfeld beeindrucken. Und so verdiente er seine ersten hundert Euro in den ersten paar Monaten.

Irgendwann kam er auf mich zu und meinte: „Lukas, ich möchte gerne in Karlsruhe (*einer mittelgroßen Stadt, die ungefähr eine Stunde von Stuttgart entfernt liegt*) etwas aufbauen. Mein Bruder wohnt dort und irgendwie ist es für mich eine Herausforderung, der ich mich stellen möchte, weil ich glaube, sie bringt mein Business voran.“ Er fragte mich, ob ich ihn begleiten würde, um seinen potenziellen Partnern die Geschäftsmöglichkeit vorzustellen, da er noch etwas unsicher sei, um dies alleine zu tun. Wir schmiedeten einen Plan und er kümmerte sich um die Termine. Dazu vernetzte er sich über Facebook mit Leuten aus Karlsruhe, baute lockere Beziehungen auf und lud sie zu einem abgestimmten Termin auf einen Kaffee ein, um ihnen von seinem Projekt zu erzählen.

Ein paar Tage bevor es nach Karlsruhe ging, wurde ich krank. Ich hatte die typische Herbst-Männergrippe mit Fieber, Kopfschmerzen und allem, was dazu gehört. Mir war von vornherein klar, dass ich Rene nicht im Stich lassen würde. Am Tag der Reise nach Karlsruhe, hatte meine Erkältung ihren Höhepunkt erreicht. Ich machte es mir – mit der Teekanne, einem Schal und dick eingepackt – auf dem Beifahrersitz bequem. Die Route nach Karlsruhe war im Navi eingeloggt und los ging es. Zwölf Termine standen uns bevor. Der

Kalender war packevoll. Rene hatte gute Arbeit geleistet. Kein einziger Termin fiel aus. Zehn Stunden lang waren wir damit beschäftigt, den Gästen das Business vorzustellen. Wir fuhren von Café zu Café und von Restaurant zu Restaurant. Irgendwann konnte ich kaum noch sprechen vor lauter Halsweh.

Wenn wir Wartezeit hatten, saßen wir im Auto – einem uralten Renault Clio, der so vollgemüllt war, dass aus dem Fünfsitzer mal schnell ein Zweisitzer wurde – und malten uns aus, wie sich die Zukunft für uns entwickeln würde. Und wie es wäre, wenn wir beide riesige Teams hätten. Und zwar nicht nur in Deutschland, sondern in Europa und in der ganzen Welt. Wie es sein würde, wenn wir unser Traumauto fahren – und unseren Eltern etwas zurückgeben könnten, weil sie so viel für uns getan haben. Und wie würde es wohl sein, wenn wir viele erfolgreiche Leader in unserem Team hätten, die sogar noch erfolgreicher wären als wir?

Zu diesem Zeitpunkt sahen wir beide auf unseren Konten nur rot. Rote Zahlen vom Dispo, um genau zu sein. Und doch waren wir reich durch drei ganz einfache Dinge. Denn wir hatten uns und wir konnten uns aufeinander verlassen. Wir haben tausendprozentig an uns selbst geglaubt. Und wir hatten große Visionen und das hat uns viel Kraft und Motivation gegeben, dass uns alles andere egal war.

Der Tag neigte sich dem Abend, ein letzter Termin stand noch auf dem Plan. Wir hatten mit vielen wirklich interessanten Leuten gesprochen – mit Personaltrainern, sehr aktiven Sportlern, mit Physiotherapeuten und Sportstudenten. Der Tag schien gelungen zu sein – auch wenn wir kein eindeutiges „Ja“ verbuchen konnten.

Die Nacht zog ihren eisigen Schleier über Karlsruhe. Es war ungefähr 21 Uhr. Nur das matte Licht der Straßenlaternen durchbohrte mühsam die Dunkelheit vor dem Café, in welchem gleich unser letzter Termin stattfinden würde. Während wir warteten, erhielt Rene die Nachricht, der Gast würde sich verspäten. Wir waren beide komplett erschöpft und konnten kaum noch die Augen offenhalten. Um mich wachzuhalten, befragte ich Rene zu unserem letzten Termin. Rene meinte, der Kontakt sei schon im Netz etwas komisch gewesen und erklärte, dass er – also Rene –, sich nun wirklich nicht mehr sicher sei, ob es sich lohnt, noch weiter zu warten.

Kaum hatte er die Worte ausgesprochen, beschlich uns ein seltsames Gefühl. Wir überlegten hin und her. Lohnt es sich überhaupt? Macht das Meeting Sinn? Es gab keinen vernünftigen Grund, auch nur eine Minute länger zu warten: Wir waren hundemüde, ich dazu noch krank, wir hatten noch eine Stunde Rückfahrt vor uns, es war Winteranfang, mit schlechter Sicht und Straßenlage. Und außerdem war dieser Kontakt zu spät und seltsam. Diese Stimme in meinem Kopf ließ alles Negative völlig plausibel erscheinen. Doch plötzlich meldete sich eine andere Stimme in mir und fragte mich, wie viele Träume wohl gestorben sind, weil Zweifel aufkamen. Wie oft hat der Erfolgskiller „Zweifel“ wohl schon zugeschlagen?

Es kommt mir schon ein bisschen surreal vor, wenn ich diese Zeilen schreibe und merke, wie wir Menschen und unsere Handlungen letztendlich doch immer wieder von Emotionen gesteuert werden. Gerade noch davon geträumt, die Welt zu erobern, völlig euphorisch und jetzt zweifelnd, negativ und destruktiv. Und genau in solchen Situationen kommt es darauf an: Durch das Bewusstwerden von solchen Gemütszuständen, bist Du in der Lage Entscheidungen zu treffen, und durch diese Entscheidungen gibt es ein anderes Resultat. Das ist der einzige Weg aus so einer Situation. Bewusstsein, Entscheidung, Ergebnis. Die Emotion steuert nicht DICH und entscheidet welche Resultate es gibt, sondern DU steuerst, indem Du Dir bewusst wirst, was gerade der Status Quo ist.

Weil die Straße völlig leergefegt war, bemerkten wir eine Person, die ins Licht der Straßenlaterne trat. Das Gesicht ließ sich nur schemenhaft erkennen. Doch die Haare waren zerzaust. Der Körper bewegte sich schwerfällig und steckte offensichtlich in einer Art Blaumann und schweren Arbeitsschuhen. Rene und ich schauten uns an und lasen jeweils im Blick des anderen die Gedanken: „Wenn er das ist, lassen wir den Termin fallen und fahren nach Hause." Die Person schlenderte in Richtung Café und Rene erkannte ihn: „Das ist er", sagte er zu mir und schaute mich fragend an.

Die Stunde der Wahrheit war gekommen. Alles in uns schrie nach Hause zu fahren, denn „wir hatten ja einen so erfolgreichen Tag gehabt", mit vielen Terminen, mit vielen Gesprächen, mit Menschen, die Potential hatten. Das ist das, was vermutlich die meisten Menschen getan hätten, und würde ich meinen Eltern und Freunden, die nichts mit dem Business zu tun haben, von diesem Tag erzählen, würden wahrscheinlich die meisten auch sagen: „Ja, das war die richtige Entscheidung nach Hause zu fahren, ihr habt genug geleistet an dem Tag." Wir hatten genug Gründe zu fahren, denn letztendlich hatten wir doch getan, was man von einem engagierten, jungen Menschen erwartet, der sein Business aufbaut. Aber manchmal ist das eben nicht genug.

In meinem Kopf lief der Film eines typischen Angestellten ab. Und plötzlich traf es mich wie ein Blitz: Genau DAS wollte ich doch nicht haben. Genau DESWEGEN habe ich doch das letzte Jahr getan, was ich getan habe. Genau deswegen habe ich mir so viele Dinge angehört und ausgehalten, was mir aus meinem Umfeld an Negativität und Ablehnung zugetragen wurde. Genau davon wollte ich doch loskommen. Von dem, was der Durchschnitt als Ergebnis hat, von dem, was der Durchschnitt für „normal" hält und DAFÜR musste ich mehr tun, als der Durchschnitt tun würde. Und am Allerwichtigsten: Ich war so überzeugt von der Geschäftsmöglichkeit und liebte dieses Business so sehr, dass es meiner Meinung nach ein Verbrechen gewesen wäre, nicht jedem Menschen da draußen die

Chance zu geben, davon zu erfahren. Ich schaute Rene an und musste grinsen, denn ich sah, dass ihm vermutlich dieselben Gedanken durch den Kopf schossen. Wir mussten beide grinsen und griffen fast gleichzeitig zur Autotür. Lets do it!

O wie Ordnung und Organisation

Ich war noch nie der ordentlichste Mensch. Früher schon beschwerten sich meine Eltern über den „Saustall" in meinem Zimmer. Wo andere in ihrem Schulranzen Hefte, Mäppchen mit Stiften, Geodreieck und farbige Textmarker hatten, waren bei mir meistens einzelne Blätter und irgendwo in den Tiefen meiner Schultasche ein Kugelschreiber. Ordnung und Struktur war noch nie meins. Jetzt könnte man vielleicht sagen, „ja, das ist eben so". Aber nur, weil etwas schon immer so war, muss das nicht heißen, dass es immer so bleiben muss. Es ist keine Entschuldigung für Misserfolg. **Wenn Du tust, was Du immer getan hast, wirst Du haben, was Du immer hattest.** Ich musste lernen und habe gelernt, ordentlicher und strukturierter zu sein. In den kleinen Dingen bin ich teilweise immer noch katastrophal in der Organisation und komplett unstrukturiert. In den großen Dingen bin ich extrem organisiert.

Du musst verstehen, dass Dein Geschäft ein Business ist wie jedes andere. Du bist der CEO Deines eigenen Unternehmens. Und wie bei jedem Unternehmen da draußen hat der CEO im Aufbau immer den Überblick über sein Geschäft. Er sieht das große ganze Bild und überlässt nichts dem Zufall. Natürlich gibt es irgendwann einen Punkt, an dem große Leader entstehen und sich um ihr eigenes Geschäft kümmern. Aber Dein Business ist Dein Business. Dein Erfolg ist Dein Erfolg und Dein Misserfolg ist Dein Misserfolg. Deshalb ist es auch wichtig, sein Geschäft tatsächlich als Geschäft und nicht als Hobby zu betrachten.

Und genau an dieser Stelle lauert Gefahr. Denn viele Networker verlieren sich in Details, bewegen sich in der Mikro-Ebene und flicken Geschäftsbeziehungen, die nicht zu reparieren sind. Das kann unendlich viel Energie rauben und zu Frustration führen. Manchmal ist es wichtig heraus zu zoomen und alles aus der Vogelperspektive zu betrachten.

Wie bereits beschrieben, ist meiner Meinung nach einer der wichtigsten Faktoren für das Erfolg bringende Mindset gegenüber unserem Business, die richtige Erwartungshaltung an das, was wir tun. Eine wirklich dauerhafte intrinsische Motivation kann nur dadurch entwickelt werden. Hast Du dies jetzt für Dich verinnerlicht, gibt es noch einen weiteren „Business Hack“, der Dir, egal in welcher Situation Du Dich gerade befindest, dabei helfen wird, dass Du “on track” bleibst und Dich nicht verloren fühlst.

Ich nenne diesen Hack die „Eiswürfel-Theorie“. Du musst Dir Dein Business wie einen quadratischen Eiswürfel vorstellen, der in der Sonne liegt. Was passiert mit einem Eiswürfel, der in der Sonne liegt? Er schmilzt natürlich. Jetzt nehmen wir mal an, der Eiswürfel fängt durch die Sonneneinstrahlung an, an einer Ecke zu schmelzen, sodass die Kante nicht mehr wirklich zu sehen ist, sondern sich der Würfel an dieser Stelle abrundet. Und jetzt nehmen wir mal weiterhin an, Du gehst zu dieser Stelle und reparierst diese Stelle indem Du ein Stück Eis dort anbringst, damit die Kante wieder eine Würfelform hat. Was passiert, während Du das tust? Richtig an einer anderen Kante passiert genau das gleiche wie zuvor. Durch die Sonneneinstrahlung schmilzt dort das Eis und natürlich gehst Du ebenfalls dorthin, um Deinen Eiswürfel wieder in Form zu bringen, und natürlich passiert genau in diesem Moment dasselbe an einer anderen Stelle. Am Ende drehst Du den Eiswürfel von Ecke zu Ecke und versuchst vergeblich, ihn zu erhalten.

Und genau so geht es vielen in unserem Business. Dein Business ist im Prinzip zu jederzeit ein Eiswürfel der in der Sonne liegt. Das bedeutet jeden Tag, jeden Monat und jedes Jahr schmilzt etwas von dem, was vorhanden ist dahin. Dies können zum Beispiel Menschen sein, die sich als Vertriebspartner einschreiben und direkt am nächsten Tag wieder kündigen, weil Ihnen ihr Umfeld tunlichst davon abgeraten hat und den neuen Vertriebspartner vor seinem augenscheinlichen „Untergang in einer Sekte" bewahren möchten. Dies können Menschen sein, die schon länger in Deiner Organisation sind, vielleicht schon mal kleine Erfolge hatten, aber die letztendlich die Motivation verlässt, ihre Erwartungshaltung nicht stimmig ist und die aufhören. Es gibt zahlreiche weitere Beispiele, aber um es auf den Punkt zu bringen: Das schmelzende Eis in der Sonne sind Partner und Kunden, die Deine Organisation verlassen. Die Augen vor dieser Tatsache zu verschließen, bringt Dich kein Stück weiter.

Jetzt hast Du zwei Möglichkeiten, wie Du darauf reagierst. Die erste Möglichkeit ist die, die die meisten Menschen im Network-Marketing wählen. Sie versuchen dort, wo etwas wegbricht, das Gleiche wieder „hinzubauen" und zurückzuholen, indem auf die Personen, die die Organisation verlassen haben oder verlassen wollten, eingeredet und hinterhergerannt wird, damit das Business „erhalten" bleibt.

Wie wir jedoch gerade gesehen haben, passiert, wenn Du diese Möglichkeit wählst, nur das gleiche an einer anderen Stelle. Und anstatt, dass Dein Eiswürfel und somit Dein Business WÄCHST, lässt Du Dir unglaublich viel Energie rauben und kommst nicht voran.

Was ist die zweite Möglichkeit, wie man auf die Eiswürfel-Situation reagieren kann? Anstatt immer wieder dort nachzubessern, wo das Eis schmilzt und hinzubauen, was weggeschmolzen ist, kannst Du auch einfach hergehen und einen neuen Eiswürfel auf den bereits vorhandenen Eiswürfel draufsetzen. Dieser neue Eiswürfel symbolisiert etwas neues, was Du in Deinem Business aufgebaut hast.

Zum Beispiel eine neue Linie, in der die ersten Partner die Schlüsselposition erreicht haben, und die ersten hundert Euro verdient haben. Natürlich passiert in einem gewissen Maße trotzdem das Gleiche wie zuvor. Auch das Team schmilzt. Doch wenn Du mehr aufbaust, als das Team sich selbst abbaut, desto stärker festigst Du Deine Organisation.

Und jetzt schauen wir mal, was passiert, wenn Du auf einen Eiswürfel einen anderen Eiswürfel aufbaust und das wieder und wieder und wieder tust? Aus dem Eiswürfel wird plötzlich eine Eisscholle und aus einer Eisscholle wird ein Eisberg. Und aus einem Eisberg wird ein Gletscher. Und ein Gletscher schmilzt nicht, er wächst sogar weiter. Und genau DAS ist doch das Ziel, dass jeder von uns hat. Ein Business aufzubauen, das zum einen für einen langen Zeitraum (*im besten Falle natürlich für immer*) bestehen bleibt, und zum zweiten immer größer wird, auch später ohne viel eigenes Zutun. Deine Aufgabe ist, von der Ausgangssituation auszugehen, Dir in Zukunft einen „Gletscher" aufzubauen. Du startest mit einem Eiswürfel. Und der Weg dorthin geht nur über einen Pfad: immer neue Teampartner aufbauen.

Wenn Du diese Theorie als Grundlage nimmst und immer im Hinterkopf behältst, weißt Du immer, was zu tun ist. Die Eiswürfel-Theorie schafft es, Dich immer in die richtige Bahn zu bringen und Dich zu motivieren.

Ich hatte in meiner Network-Karriere ein paar Mal die Situation, in der mich meine Eiswürfel-Theorie wieder „on track" gebracht hat und dafür sorgte, dass mein Geschäft einen unglaublichen Sprung nach vorne gemacht hat, um dem Ziel des Gletschers näher zu kommen.

N wie Network-Marketing

Es gibt einen Spruch, den ich ganz am Anfang in diesem Business gehört habe, der sehr viel Wahrheit in sich trägt. „Unser Business ist sehr simpel, aber es ist nicht einfach!"

Ungefähr so simpel wie die Rechnung 2+2=4. Aber doch so Anspruchsvoll wie das Drehen eines Hollywood Blockbusters. Damit ist gemeint, dass es kein Business oder Projekt gibt, in dem man das eigene Leben und das Leben anderer so verändern und beeinflussen kann, ohne den Preis dafür zu bezahlen.

Es ist so simpel, wie die folgende Rechnung: Ein Produkt wird von A nach B bewegt und es erfolgt eine Auszahlung. Je mehr Produkte von A nach B von einer Person oder einem Netzwerk bewegt werden, desto größer ist die Auszahlung. Je weniger Produkte von A nach B von einer Person oder einem Netzwerk bewegt werden, desto geringer ist die Auszahlung. Und ich rede hier von echten Endkunden, die die Produkte nutzen. So wie in einem modernen E-Commerce.

Das Anspruchsvolle daran ist, jetzt natürlich ein großes Netzwerk aufzubauen. Menschen zu führen und andere Führungskräfte zu entwickeln. Das braucht Zeit, Kreativität, eine steile Lernkurve und ein hohes Maß an Social Skills.

Aber auch dafür gibt es Blueprints in unserem Geschäft. Eines meiner Hauptlearnings der vergangenen viereinhalb Jahre war folgender Satz: „Success leaves clues" – Erfolg hinterlässt Fußspuren.

So ähnlich funktioniert es in unserem Business. Die Basics sind immer dieselben. Es geht darum, selbst ein Fan des Produktes der Firma zu werden, mit der man zusammenarbeitet. Und mit Fan meine ich WIRKLICH Fan. Ein wirklicher Fan von einem Fußballverein ist jemand, der dafür lebt, 100 Prozent daran glaubt, sich nach außen hin damit identifiziert, sich darüber streitet und am liebsten jeden da draußen mit der Begeisterung und der Liebe anstecken möchte, die er oder sie für seinen Verein empfindet.

Und nur wenn Du genauso etwas für die Produkte empfindest, mit denen Du arbeitest, hast Du überhaupt die Chance, erfolgreich zu werden. Du brauchst Deine eigene Geschichte. Es ist völlig egal, wieviel Du über das Produkt weißt, denn Wissen und Fakten kann jeder aus dem Netz beziehen. Alles, was Du im Kapitel „S wie Storytelling“ gelernt hast, kannst Du eins zu eins auf die Produkte übertragen.

Kleiner Reminder: Facts tell, Stories sell.

Wenn Du Dir einen Kundenstamm aufbauen möchtest, funktioniert das umso besser, je öfter Du mit anderen Menschen Deine eigene Story teilst. Die Menschen bestellen bei Dir wegen eines Gefühls, nicht wegen der Fakten. Natürlich sorgt ein wissenschaftlicher Background dafür, den Glauben zu stärken. Aber es wird niemals der Grund sein, dass jemand Deine Produkte nutzt. Deine eigene Produktgeschichte und Deine Transformation, die Du von Punkt A gemacht hast, wo es einen Umstand gab, mit dem Du nicht so glücklich warst – bis hin zu Punkt B, wo Du heute dank der Produkte an Deinem Punkt stehst, an dem es Dir besser geht, wird immer der ausschlaggebende Punkt für jemanden sein, bei Dir das Produkt zu bestellen. Und wenn Du jetzt gerade denkst: Ich habe keine Produktgeschichte, dann hast Du Deine Produkte bisher einfach noch nicht intensiv genug genutzt. Period.

You have to become the Product of the Product.

Ich gebe immer gerne folgendes Beispiel: Stell' Dir vor, du siehst den Trailer eines Films – Länge drei Minuten. Das hat die gleiche Tiefe, wie die Inhaltsstoffe der Produkte zu kennen. Du weißt vielleicht wie sie funktionieren. Du kannst diese Informationen vermitteln. Aber vermutlich wird sich niemand einen Film anschauen oder ins Kino gehen, wenn Du lediglich den Trailer wiedergeben kannst. Es kommt einfach zu wenig Gefühl dabei rüber.
Nur wenn Du den ganzen Film kennst und ihn gern gesehen hast, kannst Du leidenschaftlich darüber berichten. Und diese Begeisterung steckt Menschen an. Und darum geht es unter anderem in unserem Geschäft. Einen Kundenstamm aufzubauen. Menschen, die dauerhaft Deine Kunden bleiben, weil sie lieben, was Du ihnen anbietest. Und dafür musst Du leben, was Du „predigst".

Als ich mein Business gestartet habe, war ich unglaublich begeistert von den Produkten. Sie haben absolut Sinn für mich gemacht und es war alles logisch und nachvollziehbar. Und ich hatte tatsächlich dieses Gefühl, „eigentlich sollte jeder Mensch diese Produkte nutzen". Aber in den ersten zwei Monaten wurden mir null Euro ausgezahlt. Ich gewann keinen einzigen Kunden. Der Grund ist heute für mich absolut klar: Ich hatte mein eigenes Produkt noch nicht bestellt und ausprobiert. Ich war frustriert, hörte auf meine Upline und andere und bestellte. Keine drei Tage später hatte ich meinen ersten Kunden gewonnen. Klare Sache, jetzt konnte ich darüber sprechen, wie es schmeckte und wie ich es einsetze. Natürlich hatte ich noch keine weltbewegende Veränderung gemerkt – das zu erzählen, wäre nicht authentisch und nicht wahrheitsgetreu gewesen.

Doch der erste Kontakt mit dem Produkt tat gut – ich hatte ein mehr als gutes Geschmackserlebnis und ich hatte etwas, das meinen Alltag ab dem ersten Tag vereinfachte. Ich sparte Zeit, da ich morgens länger schlafen konnte und trotzdem frühstückte und abends, als ich nach Hause kam, anstatt eine Pizza etwas schnelles Gesundes hatte, das mich trotzdem satt macht. Voila: Meine erste kleine Produktstory. Eine Story mit einem Mehrwert, der für fast jeden Menschen auf dieser Welt eine positive Veränderung in seinem Leben bedeutet.

Ein paar Tage später gewann ich dann auch meinen zweiten Kunden. Und so ging es eigentlich mit allen Produkten meiner Firma. Immer wenn ich mich darüber aufregte, dass ich für ein bestimmtes Produkt noch keinen Kunden gefunden hatte, lag es schlicht und ergreifend immer daran, dass ich das Produkt selbst noch nicht genutzt hatte. Und mit „nutzen“ meine ich nicht probieren, sondern tatsächlich nutzen. Heute macht es absolut Sinn für mich, wenn ich meine Geschichte anschaue. Hätte ich früher die Produkte genutzt, wäre ich auch viel früher viel positionierter gewesen, hätte viel früher eine größere Begeisterung entwickelt, hätte viel früher meine Partner damit anstecken können und ich hätte viel früher meine ersten Kunden gewonnen.

Das ist vermutlich die einzige Sache, wirklich die einzige Sache, die ich ändern würde, wenn ich die Zeit zurückdrehen könnte, um etwas in meiner bisherigen Karriere anders zu machen: Viel früher alle Produkte nutzen, um mir einiges an Frustration zu ersparen. Du musst die Produkte leben. Das Ganze nennt sich „mission driven“.

By the way: Bis heute haben meine Eltern noch nicht einmal die Produkte bei mir bestellt. Trotzdem nutzt meine Mama die Produkte, weil ich so davon überzeugt bin, dass es ihr guttut, und ich sie ihr deswegen seit Jahren schenke. Sie hat extrem gute Erfolge damit und sie haben einen positiven Impact in ihrem Leben gemacht.

Diese Art von Positionierung und Glauben an die Produkte meine ich. Wenn Du diese Überzeugung noch nicht hast und noch nicht das gleiche tun würdest, vielleicht sogar noch etwas skeptisch und unsicher bist, dann gibt es nur einen einzigen Weg, die letzte Skepsis zu beseitigen: Indem Du die Produkte für Dich selbst nutzt. Und im schlimmsten Falle hast Du eine Erfahrung gemacht, wenn Du nicht damit zufrieden bist. Erfahrungen zu machen, ist eines der wichtigsten Dinge in unserem Leben – sie machen das Leben erst lebenswert und meistens bereuen wir Dinge, die wir nicht ausprobiert haben viel mehr als Erfahrungen, mit denen wir nicht zu 100 Prozent zufrieden waren.

Genau das Gleiche gilt natürlich für eine Positionierung gegenüber Deiner Firma und dem Businessmodell. Vielleicht bist Du jemand, der gerade diese Zeilen liest, der noch nicht den Erfolg hat, den er sich wünscht. Einer der Gründe kann Deine Positionierung gegenüber dem Geschäft sein. Hier gilt das gleiche Thema: Wenn Du Fan von Real Madrid bist, dann bist Du Fan von Real Madrid. Dann lässt Du Dir von keinem Fan von Barcelona oder dem FC Bayern München das Fan sein schlechtreden oder gar ausreden. Und Du hast auch keine Scheu anderen Menschen zu erzählen, wie begeistert Du von Deinem Verein bist. Aber, und das ist auch ein ganz wichtiger Punkt, Du missionierst nicht, und wenn jemand gerne Fan von Barcelona sein und auch bleiben möchte, dann gibst Du ihm nicht das Gefühl, dass er weniger wert ist, Du ihn verachtest, oder auf ihn herunterschaust. Wenn er sich dafür entscheidet, sich so zu verhalten, ist das seine Sache. Aber wie begeistert Du auch von Deinem Geschäft bist, wir werten niemanden herab, der nicht das Business macht.

Positionierung im Business funktioniert so:

- Zeit mit anderen Menschen aus dem Business verbringen und den Vibe, das Mindset, den Lifestyle und die Energie aufsaugen.

- Alle Events besuchen – egal, ob groß oder klein. Bei jedem Zoom-Call dabei sein.

• Tun: Es gibt nichts – kein Buch, keine Rede, kein Video, kein Audio – was so motivierend ist wie ein Ergebnis.

Stell' Dir eine Tischplatte vor. Sie steht für die Vision, für das, was Du erreichen möchtest und was Du Dir wünscht. Ohne Stuhlbeine steht aber keine Tischplatte, egal wie schön diese auch sein mag. Ein Tisch braucht Tischbeine. Und je mehr Tischbeine, desto größer kann die Platte sein. Die Tischbeine stehen für Erfahrungen. Je mehr Erfahrungen Du machst, je mehr Ergebnisse Du hast aus Dingen, die Du tust, egal, ob Du die Ergebnisse als positiv oder negativ bewertest, desto mehr Beine hat Dein Tisch und kann letztendlich stehen.

Duplikation

Wenn es darum geht, eine große Organisation aufzubauen, ist vor allen Dingen eine Sache nötig und zwar Duplikation. Irgendwann habe ich mal eine Definition von Duplikation gehört, die für mich am meisten Sinn gemacht hat: „Duplikation bedeutet, wenn viele Menschen über einen langen Zeitraum ein paar simple Dinge tun."

Das wichtigste Wort in diesem Satz ist wahrscheinlich simpel. Es kann etwas nur skalierbar sein, wenn es simpel ist. Mach es einfach und mach es dann einfach. Wenn Du es schaffst, anderen Menschen dabei zu helfen, simple Dinge zu tun und es dann schaffst, sie dabei zu unterstützen, das Wissen über die simplen Dinge erfolgreich auf andere zu übertragen, dann schaffst Du damit eine Grundlage für skalierbaren Erfolg. Der Top-Earner meiner Company, der gleichzeitig der Top-Earner weltweit in unserer gesamten Industrie ist, hat einmal auf einem Event gesagt:

„Es geht um drei Dinge. Mit anderen Menschen sprechen, um das Produkt zu teilen. Mit anderen Menschen sprechen, um das Business zu teilen. Und Menschen, die das Business

starten, an die Hand nehmen und ihnen zeigen, wie es funktioniert.“ Ist das simpel? Das ist simpel.

Die Art und Weise, wie man diese Dinge umsetzt, bleibt Dir selbst überlassen. Halte die Augen auf, die Tools dafür können sich stets verändern, denn auch die Technik und die Art und Weise der Kommunikation wird sich immer verändern. Die wesentliche Anforderung bei der Umsetzung dieser Aufgabe: Dein System muss von einer Person auszuführen sein, aber auch von tausenden Personen.

Wir haben seit unserem Start so viel ausprobiert. Wir blieben und bleiben immer lernbereit und offen für die Dinge, die uns weiterbringen können. Wir haben uns immer für die Basics interessiert. Wie funktioniert es und lässt es sich auf eine breite Masse übertragen? Wir haben versucht Dinge zu automatisieren, haben gedacht, der richtige Weg wäre es, die größten Influencer aus den sozialen Medien einzuschreiben und so weiter. Heute ist diese Idee von damals natürlich völliger Schwachsinn. Warum? Weil es vielleicht für eine Person funktioniert, aber nicht für die große Masse. Alles, was uns logisch erschien, haben wir probiert. Wir waren kreativ, aber haben nie versucht, das Rad neu zu erfinden. Viele versuchen aber genau das und verlieren sich dabei. Und dann geben sie frustriert auf, weil sie die Basis unseres Geschäfts verlassen haben. 2 plus 2 ist eben 4, und nicht 2 plus 3 ist 4.

Zur Zielsetzung gehört also auch, nicht vom Weg abzuweichen.

M wie Momentum

Um das Wort Momentum ranken sich Mythen und Legenden. Viele sprechen darüber, aber keiner weiß so richtig, was es eigentlich ist. Manchmal traut man es sich gar nicht in den Mund zu nehmen, weil man Angst hat, wenn man darüber spricht, wird es niemals kommen, oder wenn man spürt, dass das Momentum da ist, möchte man es nicht als solches bezeichnen, weil Du Angst hast, es verschwindet dann wieder.

Ich möchte Dir erklären, wie ich dieses Thema, seitdem ich im Network-Marketing tätig bin, wahrgenommen habe, und was meine Erfahrungen damit sind. Für mich bedeutet Momentum ganz einfach der Moment, in dem Du – im positiven Sinne – überhaupt keine Kontrolle mehr über Dein Geschäft hast.

In dem Dein Umsatz in einer Geschwindigkeit wächst, welche mit Logik überhaupt gar nicht nachzuvollziehen ist und Du Dich teilweise fragst: Ist das jetzt überhaupt realistisch? Kann das sein? Es ist der Moment, in dem Qualifikationen über Qualifikationen in Deinem Team entstehen, Partner urplötzlich ein Maß an Eigenverantwortung übernehmen, welches Du Ihnen früher nicht einmal im Ansatz zugetraut hättest. Es ist auch der Moment, in dem Dein Provisionsscheck in einer Art und Weise wächst, wie Du es Dir in Deinen kühnsten Träumen nicht vorstellen konntest. Sich verdoppelt, sich verdreifacht, sich vervierfacht – dass große Ziele, die mit Geld zu tun haben, im wahrsten Sinne des Wortes nur noch eine Haaresbreite von Deinem Gesicht entfernt sind. Man kann wohl sagen, es ist das Gefühl, welches Dir den Atem raubt, Du einen Adrenalinrausch bekommst und das Gefühl hast, Du würdest fliegen.

Ich wünsche Dir wirklich von Herzen, dass Du dies erleben wirst, denn es ist eigentlich nicht in Worte zu fassen. Die beste Assoziation ist vermutlich eine Monsterwelle, wie man sie manchmal bei den weltbesten Surfern sieht. Die eigentlich ganz klein anfängt und plötzlich mit atemberaubender Geschwindigkeit größer und größer wird und einfach wunderschön ist.

Eigentlich wünscht sich jeder Networker in seinem Unternehmen Momentum. Jetzt ist natürlich die Frage: „Wie schaffst Du es in Deinem Business ein Momentum zu erzeugen und ist so etwas überhaupt planbar?" Ich glaube zum größten Teil ist Momentum wirklich planbar.

Für mich fängt alles mit Dir selbst an. Bevor Dein Team im wahrsten Sinne des Wortes explodiert, musst Du erst selbst explodieren. Das bedeutet Eigen-Momentum kommt IMMER vor Team-Momentum. An drei Beispielen ist das vermutlich am besten festzumachen.

Wir gehen jetzt mal von der Situation aus, dass Du ganz am Anfang in Deinem Business stehst und Du wünschst Dir ein Team zu haben, dass sich von selbst dupliziert und wächst.
Dann ist Deine Aufgabe erst einmal Dein eigenes Arbeitsmomentum aufzubauen. Das bedeutet, Du stellst Dich im übertragenen Sinn am besten selbst bei Dir an und schaffst Dir eine klare Arbeitsstruktur an EPA´s (*Einkommen produzierende Aktivitäten*) in der Form von Tages To-Do´s.

Wenn ich zurückblicke und auch die aktuelle Situation anschaue, dann sind es immer die Leute, die eine klar strukturierte Arbeitsethik haben und diese Tag für Tag wiederholen, diejenigen, die ein gigantisches Momentum aufbauen. Denn oft vergessen manche Menschen, dass in dem Wort Network-Marketing ein WORK steht, und obwohl es so ein wunderbares Geschäft ist, Du trotzdem arbeiten musst, wenn Du erfolgreich wirst. Und ja, die Freiheiten, die dieses Business einem bieten, tatsächlich wann Du willst, wo Du willst und mit wem Du willst zu arbeiten, sind unglaublich, dennoch musst Du dafür arbeiten.

Das bedeutet, wenn Du Dir Deine To-Do´s festgelegt hast, mit den Aktivitäten, die wichtig für unser Business sind, Menschen das Geschäft zeigen, Menschen die Produkte zeigen und neue Partner an die Hand zu nehmen, geht es jetzt darum, diese Aktivitäten jeden Tag zu wiederholen. Stell' Dir wieder die Welle vor, die ich eingangs erwähnt habe. Egal wie groß eine Welle wird, sie hat irgendwann mal ganz klein angefangen und dann an Fahrt aufgenommen, um größer und größer zu werden.

So ist es mit den Ergebnissen Deiner täglichen Aktivitäten. Am Anfang siehst Du wenig bis keine Ergebnisse. Oft gibt es Leute, die deswegen frustriert sind und ich habe so oft den Satz gehört: „Lukas, bei mir funktioniert das nicht". Aber Network-Marketing funktioniert nicht nicht. Du gibst nur zu früh auf. Wann genau das Momentum eintritt, kann nicht vorausgesagt werden. Es gibt jedoch eine Faustformel, die ich irgendwann einmal von einem Mentor gelernt habe.

Das sogenannte 90-Days-Law. Das 90-Tage-Gesetz. Das bedeutet, für jede Aktivität, die Du und ich heute tun, sehen wir frühestens in 90 Tagen das Ergebnis. Und für jede Aktivität, die Du und ich heute NICHT tun, sehen ebenfalls wir frühestens in 90 Tagen das Ergebnis. Sprich, ob Du heute etwas tust oder nicht tust, hat nichts mit dem Ergebnis von morgen zu tun. Das Ergebnis, das Du morgen hast, ist die Konsequenz aus dem, was Du vor 90 Tagen getan oder eben auch nicht getan hast.

Dies ist vermutlich einer der größten Mindset Hacks in unserem Business. Hast Du dies wirklich einmal für Dich verinnerlicht, bist Du, egal an welchem Punkt, in der Lage, Momentum aufzubauen.

Die zweite Situation ist die, dass Du schon einige Zeit im Business bist, schon einmal Momentum aufgebaut hast, es aber wieder verloren hast. Und wie schon erwähnt, es ist dabei egal, ob Du die ersten Positionen in Deinem Marketingplan geknackt hast, oder schon ein großes Business aufgebaut hast. Momentum ist Momentum. Du warst vermutlich an einem Punkt, an dem Du vom Gas runtergegangen bist, weil es sich so angefühlt hat, als würde alles von alleine laufen. Du hast zu früh losgelassen. Die gute Nachricht ist: Das ist den Besten auch schon mal passiert. Und die bessere Nachricht ist: Genau solche Situationen bringen Dich am meisten voran und lassen Dich als Leader wachsen.

Als ich nach 15 Monaten die höchste Nationale Position in meinem Unternehmen erreicht habe, ist mir genau so etwas passiert. Das erste Jahr habe ich mich so gut wie gar nicht auf Ergebnisse konzentriert. Ich habe einfach gemacht und hatte die große Vision immer vor Augen. Ich wollte frei sein und etwas machen, bei dem ich mich selbst verwirkliche. Ich habe unglaublich viel investiert. Um ehrlich zu sein, habe ich jeden Cent, den ich in meiner Ausbildung und in meinem Business (*was so gut wie gar nichts war*) verdient habe, wieder in mein Geschäft und mein Team investiert. Es hat unglaublich viel Spaß gemacht und unser Traum und das Big Picture hat uns damals wortwörtlich am Leben gehalten. Ich habe Momentum aufgebaut und habe nach ungefähr zwölf Monaten gemerkt, dass es quasi nicht mehr aufzuhalten ist, dass ich die höchste Nationale Position erreiche.

Es war wie ein Rausch: Überall sind Positionen entstanden, Partner haben Leadership übernommen, ihre eigenen Events gemacht und der Scheck ist gewachsen. Damals war das in der Größenordnung von einem sehr guten Durchschnittseinkommen in Deutschland. Und was dann passiert ist, war, dass ich zu komfortabel wurde. Natürlich hatte ich irgendwo in meinem Hinterkopf noch die Vision, die Welt zu verändern, aber dadurch, dass ich gut Geld verdient habe, meinen Lebensstandard nicht erhöht habe, war ich „zufrieden" und nach dem Jahr alles investieren und jeden Monat im Minus sein, war der Sprung zur damaligen Situation so hoch, dass mir schlicht und ergreifend der klare Antrieb vor Augen erst einmal gefehlt hat.

Das heißt, ich habe die Aktivitäten, die zu einem Eigenmomentum führen, die Basics unseres Business nicht mehr weitergemacht und bin in den Management Mode gerutscht. Ich habe nicht mehr die Dinge getan, die mich zum damaligen Zeitpunkt „erfolgreich" gemacht haben.

Das Spannende daran ist jetzt, dass ich das Ergebnis davon, dass ich in den Management Modus gegangen bin, nicht sofort gemerkt habe. Der nächste Monat war ein Rekordmonat, der darauffolgende war ein Rekordmonat, es kam Januar und Februar, zwei Monate, die eigentlich immer Spitzen-Monate sind und im März erreichte ich die höchste Nationale Position gefühlt automatisch.

Der Grund, warum das passiert ist, war die harte Arbeit, die ich die ersten zwölf Monate in mein Business gesteckt habe. Die Nächte, in denen ich nur zwei bis vier Stunden geschlafen habe, durch ganz Deutschland gefahren bin und nachts auf Rastplätzen im Auto geschlafen habe, weil ich Angst hatte, während dem Autofahren einzuschlafen.

Alles war perfekt – dachte ich. Aber natürlich baust Du Dir in zwölf Monaten kein Business auf, wo Du Dich danach zurücklehnen kannst und nichts mehr tun musst und alles läuft von selber. Dadurch, dass ich drei Monate vor dem Erreichen meiner Zielposition vom Gas gegangen bin, stagnierte mein Business plötzlich im darauffolgenden Monat. Zuerst habe ich gar nicht gewusst, was gerade passiert und dachte, im nächsten Monat kommt bestimmt wieder ein Wachstum. Aber auch in den nächsten Monaten stagnierte mein Geschäft und der Umsatz ist sogar runtergegangen.

Es ist natürlich allgemein bekannt, dass es kein Unternehmen gibt, in dem es NUR ein Wachstum gibt. Nur war mir das zu dem damaligen Zeitpunkt nicht bewusst, nachdem ich das letzte Jahr einen ziemlichen Run hatte. Und zum anderen wusste ich nicht, WARUM gerade passiert, was passiert.

Zu meiner Verwunderung haben einige meiner Leader, die in den Monaten davor aus sich herausgekommen sind, gefühlt gleichzeitig irgendwelche Struggles in ihrem Leben gehabt, weswegen sie nicht mehr die Dinge getan haben, die sie davor taten. Und ehe ich mich versah, war mein Business in einer festgefahrenen Situation, in der es nicht nach vorne ging, sondern stillstand und zurückging. Ich hatte mein Momentum verloren. Gleichzeitig erfuhr ich, was das 90-Day-Law ist und das erste Mal lichtete sich der Nebel um meine Situation und ich verstand, warum alles so war, wie es war und ich musste einen Plan entwickeln.

Wenn Du in dieser Situation bist, gibt es zwei Dinge, die Du tun kannst und die mir damals weitergeholfen haben. Erstens, Du musst mit riesen Schritten vorangehen und Deinem Team zeigen, dass Du ein Vorbild bist. Dass Du alles, was Du Ihnen sagst, auch tatsächlich umsetzt. Auf Englisch würde man sagen: That you Walk the Talk. Du musst immer fünf Schritte nach vorne machen, dass Dein Team einen Schritt nach vorne macht. Die Menschen merken sofort, ob Du das, was Du sagst, tatsächlich auch selbst machst. Und Menschen folgen anderen Menschen, die etwas selbst tun und für den Prozess brennen, anstatt nur mit Worten um sich zu werfen.

Es gab einmal eine Situation, die während der Geschichte passiert ist, von der ich gerade erzählt habe. Meine Upline merkte nämlich im Gegensatz zu mir, dass ich ab einem gewissen Punkt das Tempo rausgenommen habe. Wir hatten ein Event, auf dem wir das Geschäft präsentierten und ich sollte dort einen Part machen. Ich war super gut drauf, denn mein Business schien, wie gerade beschrieben, von alleine zu laufen. Meine Firma veröffentlichte sogar meine Geschichte als „Franchise Partner des Monats“ in ihrem Newsletter. Ich kam also zu spät zu dem Event und hatte nicht beim Aufbau und bei der Vorbereitung mitgeholfen. Ich merkte, dass meine Upline ziemlich angespannt war und anders drauf als sonst. Als einer meiner Partner und ich dann doch letztendlich in der Küche beim Vorbereiten von Obstplatten für die Gäste halfen, kam meine Upline ebenfalls in die Küche. Die Situation war sofort hitzig und nach einigen Wortwechseln sagte er etwas zu mir, was ich niemals vergessen werde: „Ihr hattet einen ZU guten Monat. Der September war einfach ZU gut. Ich werde jetzt vorangehen und in ganz Deutschlands Teams aufbauen. Ich habe genug davon, Halbgas zu geben. Ich werde nicht auf Euch warten!“

Im ersten Moment sträubte sich in mir alles gegen diese Aussage. Mein Ego kam zum Vorschein und alles in mir schaltete auf Ablehnung, Trotz und Besserwisserei. Ich verstand zu dem Zeitpunkt überhaupt gar nicht wie weise die Aussage „Ihr hattet einen zu guten Monat“ eigentlich war, denn heute habe ich selbst eine Erkenntnis, die ich allen meinen Partnern weitergebe. Dazu aber mehr im Kapitel H wie Hype.

Ich fokussierte die nächste Position im Marketingplan an, die so weit weg war, denn ich musste meinen gesamten Umsatz verdoppeln. Das bedeutete, raus aus der komfortablen Situation mit meinem Geschäft ein sehr gutes Vollzeiteinkommen zu verdienen und mich wieder selbst jeden Tag wie ein neuer Vertriebspartner zu sehen, der die ersten ein, zwei Positionen erreichen wollte. Gleichzeitig musste ich meinen Leadern in spé zeigen, wie sie selbst Leadership übernehmen, um ihr eigenes Geschäft aufzubauen. Die nächsten sechs Monate waren vermutlich mit die härtesten in meinem Business. Aber im Nachhinein auch die schönsten. Ich verzichtete auf alles. Teilweise sogar auf schlafen und essen und sprengte jede Komfortzone, indem ich in mir das Anfangsfeuer wieder weckte und mir selbst eine neue riesige Motivation kreierte: Das Feuer der neuen Partner. Am Ende gibt es fast nichts Motivierenderes, als wenn eine neue Person in Dein Business kommt und dieses Glitzern in den Augen hat, wenn sie versteht, was diese Industrie für ihr Leben und das Leben der Familie bedeuten kann. Nachdem ich ein halbes Jahr im Auto und auf Rastplätzen geschlafen und hunderten Menschen – online und offline – das Geschäft gezeigt hatte, erreichte ich die besagte Position und bei der nächsten Convention der Company hatte ich einen Sprecherpart auf der Bühne vor 3.000 Menschen. Und was danach passierte, war wirklich unglaublich. In den nächsten sechs Monaten erreichte ich, wie schon erwähnt, als weltweit jüngster Vertriebspartner die international höchste Position im Marketingplan.

Um das zu schaffen, musste ich durch ein tiefes Tal gehen. Mein Erfolg ist mit einem Satz verknüpft, den meine Upline zu mir sagte: „Du hattest einen ZU guten Monat". Als ich merkte, dass er recht hatte, schwor ich mir, es nie wieder so weit kommen zu lassen, mein Geschäft festzufahren. Ich verstand: Die einzige Person, die für Erfolg als auch für Misserfolg in meinem Business verantwortlich ist, bin ich selber. Und das Momentum ist wirklich planbar.

Das dritte Beispiel zum Thema „Momentum aufbauen" bezieht sich auf den Zeitpunkt für Leader, die schon ein großes Business aufgebaut haben. Und damit meine ich Menschen, die kurz davorstehen oder schon einen 5-stelligen Monatsscheck haben. In meinem Fall war das damals auch so. Im Normalfall hat man an so einem Punkt schon das obere Drittel des Marketingplans erreicht und auch einige Führungskräfte im Team aufgebaut. Es kann sein, dass man an so einem Punkt ein großes Business hat und auch einen guten Scheck, aber irgendwie die Luft raus ist. In so einer Situation habe ich gemerkt, dass es um eine Sache geht: Das Feuer von unten anzünden. Natürlich kann man auch abseits von der bereits bestehenden Situation ein komplett neues Business aufbauen, das gehört sowieso zu den Aufgaben eines jeden Leaders, selbst immer neue Partner zu sponsern, dennoch kann man das kombinieren, indem man die Hebelwirkung ausnutzt, die uns das Geschäft bietet.

Was bedeutet nun, das Feuer von unten anzuzünden? Stell' Dir vor, Du hast eine Linie, die 10, 20, 30 oder noch mehr Ebenen tief ist. Wenn Du jetzt versuchst, die oberen Personen zu motivieren und zu inspirieren, hat das nicht so einen großen Effekt, wie wenn Du ganz in die Tiefe tauchst, nach Menschen Ausschau hältst, die aktiv sind, dabei ist es nicht wichtig, ob sie schon höhere Positionen haben oder ganz am Anfang stehen, eigene Kunden und eigene Partner gemacht haben und mit diesen Personen gemeinsam arbeitest. Denn wenn Du es schaffst, jemandem, der in der Tiefe brennt, zu helfen, dass er vorankommt und sein Geschäft wächst, hat das meistens zur Folge, dass die Upline oder die Uplines ebenfalls von der Energie inspiriert werden und plötzlich die nächsten Ziele greifbarer werden und deren Eigenaktivität wieder deutlich größer wird. Sprich, wenn jemand, der in der 20. Ebene eine neue Position erreicht, kann das für die Upline in der 19. Ebene bedeuten, dass sie näher an der nächst höheren Position ist und so weiter. So schaffst Du einen umgekehrten Ripple-Effekt und das Feuer brennt von unten nach oben und Du bewegst eine große Masse an Menschen, obwohl Du gezielt mit einzelnen gearbeitet hast.

Ein geniales Tool dafür sind Events und eine neue Eventstruktur. Als ich besagte Strategie für mich entdeckt habe und sie umsetzte, habe ich zwei Monate in ganz Deutschland in 60 Tagen über 40 Events gemacht. Das ging von der kleinen Businesspräsentation mit fünf bis zehn Gästen bis zu großen Locations mit über 100 Gästen. Mir war damals egal, wie viele Gäste ich und meine Partner auf den Events hatten, es ging vielmehr um den Sog, der durch die Konstanz dieser Eventtour ausgelöst wurde. Als mir der Gedanke kam, veranstaltete ich einen Zoom Call mit allen meinen Leadern und stellte sie vor die Wahl, dass entweder ich alle Events organisierte mit Location, Präsentation und allem, was dazugehört, oder dass sie das jeweils in ihren Städten tun und ich als Sprecher dazukomme. Natürlich entschieden sich alle dazu, die Events selbst zu organisiere, weil sie es mir auch ein Stück weit beweisen wollten und ich ihnen automatisch mehr Ownership übertrug und sie mehr Verantwortung übernahmen. Zusätzlich dazu schaute ich in meinem System, welche Partner in den Städten in denen jeweils die Events waren, erst seit Kurzem eingeschrieben waren und nahm Kontakt mit ihnen auf, um sie zusätzlich zu begeistern, Gäste auf den Events zu haben.

Natürlich war nicht jedes Event perfekt organisiert, aber darum ging es nicht. Das Feuer und die Leidenschaft, die auf der einen Seite die Leader als auch die neuen Partner und die Gäste davontrugen, waren unglaublich. Dadurch, dass die Quantität an neuen potentiellen Partnern in so einem kurzen Zeitraum so enorm hoch war, entstand ganz automatisch ein Momentum, denn die Führungskräfte waren inspiriert, selbst danach eigene Events zu veranstalten. Aber viel wichtiger war, dass es plötzlich so unglaublich viele neue hungrige Partner gab, die förmlich danach schrien, an die Hand genommen zu werden, dass sich eine neue Wachstumswelle anbahnte.

Aus besagter Eventtour entstanden im darauffolgenden Jahr fünf Menschen, die die höchste nationale Position erreichten, teilweise viel schneller als ich damals beim Start meines Geschäfts. Mein eigenes Business katapultierte diese Aktivität auf ein komplett neues Level und brachte mich im darauffolgenden Jahr in die Top 5 aller Vertriebspartner der Company in ganz Europa.

L wie Leadership

Ich habe natürlich auch meine Schwächen, die ich von starken Partnern ausgleichen lasse. Manchmal schließe ich von mir selbst zu stark auf andere und bin dann enttäuscht, wenn meine Erwartung nicht erfüllt wird. Dennoch muss man in unserem Business verletzlich bleiben, man muss immer wieder aufs Neue sein Herz aufmachen und Leute reinlassen.

Früher hatte ich oft das Feeling, ich gehöre nirgends hundertprozentig dazu. Ich hatte zwar immer viele Freunde, aber ich wechselte relativ häufig meine Freundeskreise. Irgendwie war ich auf der Suche. Doch was mich häufig bedrückte, war das Gefühl, in keine Schublade zu passen. In der Schule gab es die Coolen und die, die gemobbt wurden. Es gab Nerds, Kiffer, Streber, Musiker – und es gab mich.

Das Business hat mir dabei geholfen, mich selbst mehr zu finden. Ich habe unglaubliche Freude daran, Leute aufzubauen und versuche ihnen im richtigen Moment das Richtige zu sagen. Es macht mir Spaß, ihnen die Leadershiptechnik zu vermitteln, die mir beigebracht wurde, oder die ich entdeckt habe. Ein großer Teil des Erfolgs im Network-Marketing ist die Entwicklung der eigenen Leadership-Skills und das Entwickeln des Leaderships der Partner in Deinem Team. Ich war einmal auf einem Event, wo einer der erfolgreichsten Networker der Welt sagte: „Du MUSST ein Leader sein. Leadership ist alles!“

Lange konnte ich mit dem Begriff nichts anfangen. Da ich ein Mensch bin, der Systeme und Blueprints liebt, die man selbst umsetzen kann, habe ich mich viel damit beschäftigt und bin direkt auf eine wichtige Erkenntnis gestoßen: Leadership ist ein Prozess. Kein Event. Es gibt nicht den einen Moment, der dazu führt, dass Du ein Leader bist, keine Position, die Dich dazu macht. Leadership ist etwas, das ständig in Bewegung ist. Es ist dynamisch und bedeutet Wachstum und Lernen. Ich denke am schönsten lässt es sich folgendermaßen ausdrücken: Ein Leader ist jemand, der andere Menschen dabei unterstützt, die beste Version von sich selbst zu werden. Der anderen hilft, ihr volles Potential zu entfalten. Jemand, der mehr durch Handlungen als mit Worten inspiriert. Jemand, der ein Vorbild ist in dem was und wie er denkt und was er tut.

Und dabei ist die kleinste Einheit im Leadership Verantwortung – hundertprozentige Eigenverantwortung für das, was man tut und für das, was man nicht tut. Der Moment in dem Du Dich entscheidest, niemandem und nichts die Schuld zu geben für Deine aktuelle Situation, weder Deinen Eltern, noch Deinen Freunden, Deinen ehemaligen Lehrern, Deinem Partner oder Deiner Partnerin oder Deiner Upline, bist Du wirklich frei.

Der größte Unterschied zwischen einem Chef und einem Leader ist vermutlich folgender: Ein Chef sagt, was zu tun ist. Aufgrund seiner Position, seiner Stellung oder seines akademischen Hintergrunds hat er in der Hierarchie das Sagen. Er sagt, wo es langgeht. Ein Leader macht vor, wie es geht. Er geht vor, schafft einen Weg und geht diesen gemeinsam mit anderen. Die traditionelle Chef-Angestellten-Hierarchie wird dabei komplett aufgelöst. Viele denken bei dem Wort „Leader" ausschließlich an Führungskräfte in der Wirtschaft oder der Politik. Ich sage Dir, wer meine Vorbilder sind: Nelson Mandela, Mahatma Gandhi und Martin Luther King. Diesen Menschen sind Millionen gefolgt.

Für mich sind das Menschen, die mich durch ihren Mut, ihre Handlungen und ihren Umgang mit negativen Dingen einfach wahnsinnig inspirieren. Ein kleines Beispiel: Wir Menschen regen uns so oft über Dinge auf, die absolut nichtig sind. Ein Stau, eine unfreundliche Verkäuferin, dass es regnet, dass es zu warm ist, dass es zu kalt ist, wenn die Bahn zu spät kommt oder sonst irgendetwas. Nelson Mandela war 27 Jahre seines Lebens in Haft, weil er für Menschenrechte und gegen die Apartheid kämpfte. In all dieser Zeit gab er nie die Hoffnung und den Mut auf. Später wurde er dann Präsident, nachdem er ein Drittel seines Lebens in Gefangenschaft verbrachte.

(*Und über was genau regst Du Dich nochmal genau auf?*) Jedes Mal, wenn ich spüre, dass ich anfange, mich über etwas zu ärgern, halte ich kurz inne und sage: „Was würde Nelson Mandela jetzt tun?"

Ich möchte meine Gedanken und Erfahrungen aus den letzten nun knapp fünf Jahren um das Thema Leadership mit Dir teilen:

1. Du musst ambitioniert sein. Du musst hungrig sein. Du musst eine Veränderung wollen. Ein brennendes Verlangen haben. Einen Traum. Bevor Du Dir über irgendwelche Pläne und Strategien Gedanken machst, überlege Dir: Weißt Du ganz genau, wo Du hinmöchtest? Weißt Du ganz genau, wie Dein Leben in fünf Jahren aussehen soll? Du musst als erstes für Dich selbst stark sein. Martin Luther King hat damals gesagt „I have a dream" und nicht „I have a plan". Andere Menschen können Dir überhaupt erst dann folgen, wenn Du weißt, wo Du hinwillst.

2. Ambitionen zu haben ist gut. Aber Deine Intention, bei allem was Du tust und beim Erreichen Deiner Ziele, muss sein, anderen Menschen zu helfen. Anderen Menschen einen Mehrwert zu bieten. Der wahrscheinlich älteste Satz in unserem Business ist: **Wenn Du genug Menschen hilfst, ihre Ziele zu erreichen, erreichst auch Du alle Deine Ziele.** Es gibt eine Geschichte, von der ich nicht weiß, ob sie wirklich stimmt, aber sie wird Dir verdeutlichen, was ich genau meine: Ein Mann war am Flughafen in Puerto Rico und sein Flug und der von Hunderten anderen Passagieren zurück nach England wurde gecancelt. Der Mann erkundigte sich, was es kosten würde, ein ganzes Flugzeug zu chartern. Er teilte den Preis durch die Anzahl an verfügbaren Sitzen. Daraufhin lief er im Terminal mit einem Schild herum, auf dem geschrieben stand, dass er Sitze für den Flug nach England verkauft. Dadurch, dass er anderen half, ihr Problem zu lösen und nach England zu fliegen, erreichte er sein Ziel ebenfalls nach Hause zu kommen. Dieser Mann soll aufgrund dieser Idee später eine Fluggesellschaft gegründet haben und heute Milliardär sein.

Menschen spüren, ob Du wirklich an ihnen interessiert bist. Du musst das wirklich leben und fühlen. Stelle die Bedürfnisse anderer Menschen über Deine eigenen. Dies ist der Weg vom Kopf ins Herz. Nicht umsonst wird dies manchmal als der längste Weg, den wir Menschen zurücklegen, bezeichnet.

3. Walk the talk. Es gibt einen riesigen Unterschied zwischen vorsagen und tatsächlich vormachen. Leadership bedeutet Action. Ich erinnere mich, dass ich so oft selbst nur etwas gemacht habe, weil jemand in meinem Umfeld, zu dem ich aufgeschaut habe, aktiv war und massive Aktionen gefahren hat. Es gibt kaum etwas Inspirierenderes als Menschen um sich herum zu haben, die etwas bewegen. Es ist wie ein Magnet. Man möchte immer in der Gegenwart von Machern sein. Sobald Menschen merken, dass Du von etwas sprichst, was Du selbst nicht tust, oder wo Du selbst keine Erfahrungen gesammelt hast, folgen sie Dir nicht.

4. Leaders create other leaders. Einzig und alleine die Anzahl Deiner Leader in Deiner Organisation sagt etwas über Dein Geschäft aus. Ein langfristiges Geschäft ist immer ein Geschäft mit vielen individuellen Leadern. Das bedeutet aber wiederum nicht, dass jeder auch ein großer Leader wird. Das Gras wächst nicht, wenn man daran zieht. Das einzige, was Du tun kannst, ist eine Umgebung schaffen, in dem das Gras wachsen kann. Dabei musst Du immer die Balance halten zwischen fördern und fordern. Leadership hat viel mit Bauchgefühl und intuitivem Handeln zu tun. Es ist schön und gut, wenn Du der Superstar bist. Das ist wichtig – denke an Punkt 1. Aber Du musst anderen Menschen die Chance geben, so groß zu werden wie Du selbst oder sogar noch größer. Und dafür musst Du Dein Ego herunterschrauben können.

5. Verliebe Dich nicht in das Potential. Es gibt so viele Menschen da draußen, die das Potential haben etwas Großes zu erreichen. Aber Potential alleine bringt gar nichts, wenn man nicht bereit ist, die Arbeit auch wirklich reinzustecken. Beurteile Menschen anhand dessen, was sie tun, aber verurteile sie nicht vorschnell. Dann kannst Du auch nicht enttäuscht werden. Du bist so etwas wie ein Talentscout.

6. Eine Regel, die Du generell aufs Leben übertragen kannst: Verhalte Dich nie in einer Art und Weise, dass sich andere Menschen neben Dir kleiner fühlen als Du. Arroganz und Überheblichkeit bringen Dir keine Freunde und vor allen Dingen keine langfristigen Beziehungen. Egal, wie erfolgreich Du bist, es gibt Dir nicht das Recht, Dich über andere zu stellen oder auf sie herabzuschauen.

7. In diesem Business musst Du alles sein. Nicht von Anfang an, aber wenn Du ein Imperium aufbauen willst, musst Du über kurz oder lang alles sein. Reiseleiter, Organisator, Eventplaner, Psychologe, Beziehungsretter, Schulter zum Ausheulen und so weiter. Situationsmanagement. Deine Aufgabe ist es, anderen Menschen zu zeigen, wie sie lösungsorientiert statt problemorientiert denken und handeln.

8. Nimm Dich selbst nicht zu ernst. Ich sage meinen Führungskräften gerne: Du bist zwar die wichtigste Person in Deinem Leben, aber die unwichtigste Person in Deinem Business. Put others first. Das Schönste in diesem Geschäft ist zu sehen, wie andere Menschen aufblühen und sich entwickeln. Gib ihnen den Raum dazu. Gönne anderen Menschen ihren Erfolg zu jederzeit. Wenn Du die Kerze von jemandem anderen auspustest, lässt dies Dein Licht nicht heller scheinen.

9. Hab Spaß. Sei witzig, spontan, verrückt und bringe andere zum Lachen. Sei immer positiv und meckere nicht in Dein Team. Sei der Leuchtturm im Leben von anderen Menschen.

10. Alles dupliziert sich. Sei Dir darüber im Klaren, dass das, was Du tust, von anderen Menschen gesehen wird. Du bist ein Leader ab dem ersten Tag in deinem Business. Und ab dem Moment, wo Du Deinen ersten Partner im Team hast, sieht Dich jemand als Vorbild. Sei Dir darüber bewusst, dass die Menschen, die Dich verfolgen, Deine Handlungen und Deine Einstellung, wie Du mit Dingen umgehst, vermutlich nachmachen werden.

Viele Menschen suchen in unserem Geschäft eine Abkürzung. Den „Heiligen eiligen Gral". Dabei kann man unser Geschäft, richtig aufgebaut mit viel Disziplin und Fokus, bereits wie eine Abkürzung zu allem anderen sehen, was es sonst noch da draussen gibt.

Es gibt jedoch eine Sache, die zu einem Hebeleffekt beim Aufbau Deiner Organisation führt und zwar sind das Events. Menschen steigen in dieses Business ein, wegen der Hoffnung auf ein besseres Leben. Dies kann eine kleine Veränderung sein oder aber eine große. Fakt ist, auf einem Event wird aus dieser Hoffnung letztendlich Glaube. Glaube an die Industrie, an die Produkte, an die Firma und am allerwichtigsten: an sich selbst.

Als Leader ist es ein absolutes MUSS, dass Du auf jedem – und ich meine wirklich jedem – Event dabei bist. Es ist ein Tankstellenbusiness, wo jeder von uns immer wieder Motivation tankt und auch lernt. Aber vor allem bist Du ein Vorbild für Deine Partner, die viel eher das tun, was Du tust, als das, was du sagst.

Auf Events werden Leader geboren. Je öfter Du auf Events bist, desto mehr wirst Du Dich entwickeln. Und je mehr Menschen Du auf Events mitbringst, desto mehr Partner werden dort ebenfalls eine Entscheidung treffen. Es gibt eine Daumenrechnung: Die Anzahl an Menschen, die Du insgesamt innerhalb eines Jahres aus Deinem Team auf Major-Events bringst, multipliziert mit 1.000, ist Dein Jahresverdienst des darauffolgenden Jahres.

K wie Kontakte

Rückblick Herbst 2015: Die nächsten zweieinhalb Stunden waren vermutlich der intensivste Termin, den ich jemals hatte. Unser Gast war damals Anfang 30, also neun Jahre älter als ich, mit türkisch-russischer Abstammung. Er kam gerade von einem Gärtner-Job, weswegen er den Blaumann und die Arbeitsschuhe anhatte und völlig verdreckt war. Er hatte zu dem Zeitpunkt sieben Jobs, mehrere Selbstständigkeiten und war kurz davor Vater zu werden. Er kannte sich bestens im Bereich Fitness, Gesundheit und Ernährung aus, in dem Bereich, in dem meine Firma tätig ist, und wurde bereits öfter auf Network-Marketing angesprochen. Ein sehr intelligenter, schlagfertiger und neugieriger Mensch, der schon einiges erlebt hatte. Ich redete mich im wahrsten Sinne des Wortes um Kopf und Kragen und er wollte so viele Details über die Produkte wissen, dass ich an einem Punkt sagte: „Wenn ich Dir auf diese Frage antworten würde, müsste ich lügen, denn ich weiß es nicht". Ich war ehrlich, transparent, begeistert und voller Leidenschaft bei allem, über was wir sprachen. Ich musste ihm nichts vorspielen, oder versuchen aufgrund des Altersunterschiedes mit ihm gleichzuziehen. Wir hatten sofort eine Ebene gefunden, die uns verband; etwas für andere Menschen zu tun und er war fasziniert von meiner freiwilligen sozialen Arbeit, die ich in Südafrika verrichtet hatte. Wir hatten eine tolle Zeit und konnten alle etwas voneinander lernen.

Wir alle drei verloren völlig die Zeit aus den Augen und waren die Letzten in dem Café, weshalb wir fast rausgeschmissen wurden. Letztendlich verabschiedeten wir uns ohne etwas Verbindliches bezüglich des Business auszumachen. Das war auch nicht wichtig, denn es war eins dieser Gespräche, die einem im Gedächtnis blieben, weil man das Gefühl hatte, einen echten Mehrwert zu bekommen und auch einen Mehrwert für jemand anderes zu stiften. Ich ging völlig ohne Erwartung aus dem Gespräch, obwohl ich wusste, dass ich mit dem Thema „freie Zeiteinteilung“ und „mehr Zeit für die Familie“ etc. einen Punkt bei ihm getroffen hatte.

Rene und ich fuhren völlig fertig gegen 23.30 Uhr nach Hause und konnten nicht mehr viel miteinander sprechen, denn der Tag war unglaublich anstrengend – aber positiv anstrengend. Und vor allen Dingen waren wir glücklich, über unseren Schatten gesprungen zu sein, die Komfortzone verlassen zu haben und dass wir den letzten Termin doch noch wahrgenommen hatten.

Was dann passierte und was aus diesem Termin heraus entstand, hört sich fast wie ein Märchen an. In den darauffolgenden Wochen gab es mit vielen der Menschen, mit denen wir an diesem Tag einen Termin hatten, Gespräche und letztendlich stieg kein einziger in unser Business ein. Keiner bis auf einen einzigen. Unser letzter Termin, zu dem wir fast nicht gegangen wären, weil wir so müde und ausgelaugt waren und von außen einen Menschen nach seinem Erscheinungsbild und Kleidung beurteilt haben.

Aus diesem einen letzten Termin, nur unter dieser einen Person, entwickelte sich in den letzten dreieinhalb Jahren eine Organisation mit Zehntausenden von Vertriebspartnern und Kunden. In der unglaublich viele Menschen ihr Leben veränderten, viele mit einem zusätzlichen Nebeneinkommen, einige mit einem Einkommen, mit dem sie ihren Hauptjob ersetzen konnten und sogar ein paar, die monatlich ein fünfstelliges Gehalt haben. Stell' Dir vor, wir hätten diesen einen letzten Termin nicht wahrgenommen. Stell' Dir vor, wir wären nicht die Extrameile gegangen, wir wären nicht entgegen aller Zweifel und plausiblen Erklärungen dageblieben. Stell' Dir vor, wir hätten das getan, was die meisten Menschen getan hätten. Was anscheinend „vernünftig“ gewesen wäre. Tausende von Menschenleben wären nicht positiv beeinflusst geworden.

Rene wäre nicht einer der erfolgreichsten Vertriebspartner meiner Firma unter 30 Jahren und ich wäre wahrscheinlich auch nicht da, wo ich heute bin. Und das alles nur, weil wir die extra 10 Prozent mehr gegangen sind, die es braucht. Diese eine Aktion ohne Erwartung, ohne auf das Ergebnis fokussiert gewesen zu sein, sondern einfach nur mit dem Glauben, wenn man genug dafür tut, wird man am Ende belohnt werden.

Und genau DARAUF kommt es an. Bereit sein, mehr zu tun, als die meisten tun würden, bereit sein, unkonventionelle Wege zu gehen und bereit sein, ohne Erwartungen und ohne Erwartungshaltung daraus zu gehen.

Jeder Erfolgreiche in unserem Business kann Dir genauso eine Geschichte erzählen. Aber auch genauso viele Geschichten von Terminen und Gesprächen aus denen letztendlich nichts passiert ist. Dieses Business ist ein Quotengeschäft. Je mehr Kontakte Du machst, mit je mehr Menschen Du sprichst, desto wahrscheinlicher ist es, dass jemand in Dein Geschäft kommt, der es im wahrsten Sinne des Wortes auf den Kopf stellt.

Du kannst den Richtigen nichts Falsches sagen und den Falschen nichts Richtiges!

J wie Job

Es ist erstaunlich, zu was für einer Erkenntnis man kommt, wenn man die Arbeitsweise und Arbeitsethik der meisten Menschen anschaut, die als Angestellte in einem Job arbeiten und diese mit der von Unternehmern vergleicht. Viele Menschen beschweren sich über das Ergebnis, 28 Urlaubstage zu haben, einen Job zu haben, der sie nicht erfüllt, einen Chef zu haben, mit dem sie nicht zu 100 Prozent klarkommen und vor allen Dingen ein Einkommen zu haben, mit dem sie ihre Träume und den Lebensstandard, den sie sich wünschen, nicht finanzieren können.

Und trotzdem leisten sie nicht das, was sie eigentlich leisten könnten, sondern leisten immer nur das, was von Ihnen erwartet wird. Das bedeutet, egal, ob es ein klassischer Blue collar job (*Produktionsjob*) ist oder ein klassischer white collar job (*Administrationsjob*), als Angestellter hat man einen bestimmten Aufgabenkatalog, den man eine bestimmte Zeit ausführt. Jeden Tag, Woche für Woche und Jahr für Jahr. Die Wahrscheinlichkeit, dass dieser Aufgabenkatalog das volle Potential der ausführenden Person ausschöpft, liegt meiner Meinung nach bei 0 Prozent. Dennoch wird jeden Tag das gemacht, was von einem erwartet wird. Das Ergebnis ist, wie gerade beschrieben, für die meisten Menschen nicht deckungsgleich mit dem, was sie sich eigentlich vom Leben erträumen.

Die Erkenntnis und der Kausalzusammenhang liegen für mich an diesem Beispiel ganz klar auf der Hand. Das Ergebnis kam zustande, weil die Aktivität, die eigentlich theoretisch möglich ist, aufgrund des Systems absolut limitiert ist. Kurzum: Die meisten Menschen sind zu so viel mehr möglich, als sie eigentlich im Moment tun und haben dementsprechend auch die Möglichkeit auf ein komplett anderes Ergebnis, ein komplett anderes Leben, als das, was sie im Moment leben.

Arbeitnehmer beschweren sich über das Ergebnis, das sie selbst steuern. Sie regen sich darüber auf, ihre Träume und den Lebensstandard, den sie sich wünschen, nicht umsetzen und finanzieren zu können. Sie tun, was von ihnen erwartet wird, doch spüren, dass die Position, die sie besetzen, austauschbar ist – und sie sich als kleines Zahnrad in einer großen Maschinerie drehen, bis sie kaputt sind und ausgetauscht werden. Tag für Tag, Woche für Woche, Jahr für Jahr. Von Selbstverwirklichung kann keine Rede sein.

Auch wenn viele Menschen davon meilenweit entfernt sind: Erfolg und Glücklichsein sind planbar. Davon bin ich felsenfest überzeugt. Ich habe es bei anderen gesehen und war mir sicher, dass ich das auch auf mich übertragen kann. Denn es gibt sie – die Alternativen. Doch der Weg dorthin ist anstrengend. Die Anstrengung und das Risiko, sich den einen oder anderen blauen Fleck zu holen, ist der großen Masse jedoch ein zu hoher Einsatz. Das Unbekannte ist bedrohlich. Stattdessen beuten sich die Menschen aus bis zum letzten Tag. Da wissen sie wenigstens, was sie erwartet. Jeden Tag ein liebevoller Chef. Ein Auto besitzen, ein Eigenheim abstottern und einmal im Jahr nach „Malle" fliegen, kann nicht der Sinn eines menschlichen Lebens sein. Einstempeln, ausstempeln. Ärger mit Kollegen und immer die gleiche Arbeit? Da wird man doch mit der Zeit verrückt.

Duschen, ohne nass zu werden, ist genauso unmöglich, wie Geld, Anerkennung und Spaß zu ernten, ohne sich zu bewegen. Einsatz musst Du immer zeigen. Doch dafür ist es in unserer Branche egal, woher Du kommst und was Du früher gemacht hast, Deine persönlichen Hintergründe und Motivationen sind nur für Dich wichtig. Wer erfolgreich werden möchte und bereit ist, an seiner Zukunft hart zu arbeiten, wird auch erfolgreich und kann mehr verdienen, als im Angestelltenverhältnis mit entsprechenden Qualifikationen jemals möglich wäre. Somit wird ein Leben möglich, das von Selbstbestimmung geprägt ist. Network-Marketing ist die Alternative zum systembestimmten Lebenslauf: Schule, Ausbildung oder Uni, Job mit linear ansteigender Vergütung. Oder wechselnde Jobs und Dauerbelastung ohne nennenswerten Output, für den es sich aufzustehen lohnt. Langeweile und Zeitverschwendung. Rente.

Zum Ausbruch gehört immer Mut. Mut, Entscheidungen zu treffen. Am Ball zu bleiben.

Nur damit keine falschen Assoziationen entstehen: Im Begriff Network-Marketing steckt „Work“, wie schon erwähnt, das englische Wort für Arbeit. Und erfolgreich werden die Leute, die dieses Wort nicht übersehen, sondern danach handeln. Selbstmotivation und -disziplin sind die Treiber. Strukturierte Arbeitsabläufe bei der Bewältigung der Aufgaben sind von Vorteil. Die Freiheiten sind verlockend, doch der Blick sollte zunächst auf die To-do-Liste gerichtet sein. Arbeite wann Du willst, wo Du willst und mit wem Du willst, aber arbeite. Sprich mit Menschen über das Geschäft, zeige ihnen die Produkte, nimm neue Partner an die Hand und supporte sie. Und wieder von vorn. Du stehst als Networker auf der Welle, die sich von Aktivität zu Aktivität aufbaut. Jeder hat klein angefangen. Wenn Du verstehst, dass viele kleine „normale“ Aktivitäten – so wie im Angestelltenverhältnis auch – sich zu großer Wirkung entfalten, dann korrigierst Du damit auch die häufig maßlosen Vorstellungen, die Neulinge häufig an den Tag legen. **Kontinuität schlägt immer Intensität.** Am Anfang siehst Du wenig bis keine Ergebnisse. Die sieht ein Angestellter in der Regel auch nicht, wenn er im Backoffice arbeitet. Und auch ein Unternehmer weiß, dass erst einmal viel Energie gefordert wird, um Lücken zu schließen, um damit ein stabiles Fundament zu schaffen. Network-Marketing ist vor allen Dingen eins: Ein Part Time Business. Es ist die perfekte Möglichkeit, sich nebenher sein eigenes Geschäft aufzubauen. Manche entscheiden sich vielleicht irgendwann in Vollzeit zu gehen. Die meisten bleiben aber in Teilzeit.

I wie Ideen

Für mich war es schon immer wichtig anderen etwas zurückzugeben. Einen Beitrag zu leisten. Ich glaube, wenn wir Menschen uns jeden Tag nur ein bisschen mehr für das gemeinsame WIR interessieren und uns gegenseitig mehr unterstützen würden, wären viele Probleme auf der Welt schon gelöst. Deshalb war es völlig klar für mich, etwas Soziales zu tun, bevor ich ins Berufsleben einsteige. Nach meinem Abitur absolvierte ich ein freiwilliges Soziales Jahr in Südafrika. Ich lebte in Kapstadt und arbeitete dort in einem Kinderheim. Eine unglaublich prägende Zeit für mich, in der ich viele Erfahrungen machte und die kleinen Dinge noch viel mehr zu schätzen lernte. Dafür bin ich heute sehr dankbar.

Ich nutzte diese Zeit dort natürlich auch, um durch das Land zu reisen. Man lernt auf solchen Reisen viele Leute kennen, Menschen mit Burnout, Hippies und Unternehmer, die sich eine Auszeit gönnen, Aussteiger. In Wilderness an der Ostküste kam ich mit einem jungen Engländer in Kontakt, der vielleicht 25 oder 26 Jahre alt war. Wir tauschten uns aus.

Ich erzählte ihm, dass ich ein soziales Jahr absolviere und danach bei Porsche anfange. Als ich ihn nach seinen Plänen fragte, erzählte er, dass er das noch nicht so genau wüsste und vermutlich demnächst nach Australien und dann in die USA reisen würde. Ich war natürlich erstaunt und fragte ihn, was er denn arbeiten würde, dass er sich das leisten könnte. Er antwortete, er sei Unternehmer. Ich spitzte sofort die Ohren und er hatte meine hundertprozentige Aufmerksamkeit. Und dann erklärte er mir, dass er sich ein Motiv ausgedacht hat, das heute rund um den Globus auf T-Shirts verkauft wird. Zu sehen ist die Geschichte der Evolution – vom Affen zum Homo sapiens vor dem Rechner. Das war sein Lucky Punch. Zusätzlich hatte er noch mehrere Einkommensströme durch Immobilien und Aktien aufgebaut.

Ich erklärte, dass ich auch gerne Unternehmer sein würde, aber verzweifelt war, weil ich bisher einfach noch nicht die richtige Geschäftsidee hatte. Er sagte mir dann etwas, was ich nie wieder vergessen werde: **„Es kommt nicht auf die Idee an, sondern auf das richtige Mindset. Das Unternehmer-Mindset“.** Natürlich fragte ich sofort, wie ich denn das richtige Mindset entwickeln könnte. Er entgegnete: „Durch das Lesen der richtigen Bücher!” Auf die Frage, wenn er mir ein Buch empfehlen könnte, welches alles für ihn verändert hat, welches wäre das, entgegnete er: „‚Rich Dad Poor Dad‘ von Robert Kyosaki“. Ich zückte mein iPhone und schrieb den Titel und den Autor in meine Notizen. Der Eintrag ist noch heute in der iCloud gespeichert. Ich spürte bereits, dass diese Begegnung etwas ausgelöst hatte, aber ich wusste noch nicht genau was.

Ich reiste weiter in die Stadt Durban. Während meiner Ausflüge in der Stadt verirrte ich mich eines Tages in ein Gebiet, in das man als Weißer besser nicht hingeht. Ziemlich gefährlich. Ich entdeckte eine Buchhandlung und wollte dort nach dem Weg fragen und gleichzeitig meinen Büchervorrat aufstocken, da ich alle Bücher bereits gelesen hatte, die ich auf meiner Reise dabei hatte. Ich betrat die kleine Buchhandlung und ich betrachtete die hölzernen Regale mit den Büchern. Jedes Cover, dass ich sah, hatte einen Titel auf Afrikaans. Eine der Landessprachen Südafrikas. Plötzlich blieb mein Blick an einem kleinen Buch mit gelbem Einband hängen und mir stockte der Atem. War das hier gerade irgendwie versteckte Kamera? Ich näherte mich einem Regal, an dem ein Schild mit der Aufschrift „Used Books“ (=*gebrauchte Bücher*) hing. Ich ergriff das Taschenbuch, das auf Brusthöhe im Regal stand und traute meinen Augen nicht. Das einzig englischsprachige Buch in der Buchhandlung: „Rich Dad Poor Dad“. Ich kaufte mir das Buch und verschlang es regelrecht am selben Abend in meinem Hostel. Ich glaube nicht an Zufälle im Leben. Dieses Buch inspirierte mich derart, dass meine Denkweise für immer verändert wurde, ganz so, wie mir der Fremde, den ich kurze Zeit vorher getroffen hatte, prophezeite. Damals verstand ich nicht, was er meinte. Doch jetzt konnte ich es fühlen. Als ich das Buch zu Ende gelesen habe, wusste ich, dass ich auch irgendwann mal ein Buch schreiben werde. Und dieses hältst Du nun in der Hand.

H wie Hype

Es gibt zwei Dinge, die dafür sorgen, dass Dein Geschäft den Bach heruntergeht: Hype und Ego. In keinem anderen Business bekommt Deine Schaffenskraft, die Anerkennung und das Selbstvertrauen so viel Raum geboten, wie im Network-Marketing.

Wenn Kinder sich über Berufe Gedanken machen, sieht das zum Beispiel so aus: Polizist oder Feuerwehrmann, Ballonfahrer oder Astronaut, Krankenschwester oder Lehrerin. Abgesehen davon, dass diese Berufsbilder enorme Verantwortung verlangen, kaum zu erreichen – oder schlecht bezahlt sind, formuliert kein Kind den Wunsch, ein Leben lang am Schreibtisch zu sitzen und darauf zu warten, dass endlich die Zeit vergeht, um 28 Urlaubstage das zu machen, was ihnen Freude bringt. Und doch tritt beim Großteil aller Arbeitnehmer genau dieser Ablauf ein.

Für diejenigen, die den Zugang zum Network-Marketing bekommen und das Potential erkennen, beginnt eine neue Zeit. Sie fangen wieder an zu träumen und stellen sich vor, wie es wäre, wenn ihnen der Durchbruch gelänge. Genau darauf ist die Businesspräsentation auch ausgelegt. Sie soll Dich im Herzen berühren. Und Du hast das Gefühl, Dein künftiger Sponsor kennt Dich, denn er trifft den Nagel auf den Kopf. Also startest Du Dein eigenes Business und wenn Du Dich an den Plan hältst, den Dir Deine Upline an die Hand gibt, wirst Du wahrscheinlich erste Resultate generieren. Du wirst Kunden gewinnen und erste Vertriebspartner einschreiben. Du wirst gefragt, ob Du auf Businessevents oder einer Online-Präsentation Deine Story erzählst und plötzlich wird Dir die geballte Power an Anerkennung zuteil. Du merkst, dass Du wichtig bist – in einer Ausprägung, die Dir sonst nirgends entgegengebracht wird. Und darin sonnen sich viele Menschen und vergessen, dass Network-Marketing ein Business ist, wie jedes andere auch. Das Geschäft atmet. Es zieht an, stagniert, fällt, steigt und so weiter. In jedem Geschäft gibt es Jahreszeiten. Frühling, Sommer, Herbst und Winter.

Wenn Du die erste Welle der Anerkennung surfst und im nächsten Moment Dein Business plötzlich nicht mehr so läuft oder wächst wie davor, kann es sein, dass es Menschen gibt, die erfolgreicher werden als Du. Es kann sein, dass diese dann an Deiner Stelle auf der Bühne stehen. Und dann gibt es Risse im Selbstwertgefühl, weil Du anfängst Dich zu vergleichen – bis hin zu schweren Schäden. Deswegen ist es wichtig, die Anerkennung zur Kenntnis zu nehmen und sich natürlich auch darüber zu freuen, doch niemals den Fehler zu begehen, ihr nachzujagen. Die Zeit, die Du dafür investierst, ist die Zeit, die Dir fürs Geschäft fehlt. Das Business steht im Mittelpunkt. Und Du profitierst von dessen Begleiterscheinungen. Nicht umgekehrt. Deshalb lautet eine meiner Hauptdevisen in unserem Geschäft:

„Hype kills your business."

Merke Dir diese Worte und verpasse Deinem Ego Sendepause. Konzentriere Dich auf das Wesentliche. Es gibt immer jemanden, oder es wird irgendwann einmal jemanden geben, der erfolgreicher ist als Du. Das ist der Lauf der Dinge und völlig normal. Nichts ist für immer und die einzigen zwei Dinge, die Du kontrollieren kannst, sind, wieviel Du tust und wie Du auf das reagierst, was um Dich herum geschieht. Du bist gut, so wie Du bist und langfristige Abhängigkeit durch Bestätigung von außen ist wie eine Schmerztablette. Kurzfristige Befriedigung, die Dich aber langfristig nicht glücklich macht.

G wie Geld

Geld. Ein spannendes Thema. Ich erinnere mich noch an die Zeiten, als ich zu Events gefahren bin und so pleite war, dass ich beim Tanken so tun musste, als hätte ich meinen Geldbeutel vergessen – und dann, ein paar Tage später, wenn der Scheck da war, fuhr ich zur Tankstelle, um zu bezahlen. Ich habe in meiner Wohnung Pfandflaschen zusammengesammelt, um mir am Ende des Monats beim Asiaten etwas zu essen zu kaufen oder bei Meetings Gästen und Partnern den Kaffee bezahlen zu können.

Geld. Einer meiner Mentoren hat mal zu mir gesagt: „Lukas, wenn Du 100.000 Euro im Monat verdienst, dann fängt das Leben erst so richtig an.“ Eine interessante Aussage.

Geld. Der Grund warum viele Menschen nie die finanziellen Möglichkeiten haben, die sie sich wünschen, ist, weil sie Geld gegenüber eine sehr negative Einstellung haben. Sie haben Glaubenssätze, dass Geld „schmutzig“ ist, es nicht auf „Bäumen wächst“ oder sie selbst ja nicht die „Rockefellers“ sind. Jeder von uns hat einen inneren Geldthermostat. Je nachdem wie er eingestellt ist, wird langfristig darüber entschieden, wieviel Geld in Dein Leben kommt. Wie sieht das bei Dir aus?

Geld. Geld und Investition hängen oft zusammen. Bei Immobiliengeschäften investiert man in Wohnungen oder Häuser. Auf dem Kapitalmarkt in Aktien. In unserem Geschäft gibt es vor allem zwei Dinge. Die Investition in Dich selbst und ganz besonders: die Investition in andere Menschen. Ein Investor investiert meistens in zehn Startup-Unternehmen, weil er weiß, dass neun davon vermutlich nicht funktionieren werden. Aus einem wird etwas werden. Aber er weiß nicht von vorneherein welches. In unserem Geschäft ist das genauso: Du weißt von vorneherein nicht, wer zu einem Diamant wird. Deshalb musst Du bereit sein zu investieren: In Eventtickets für Dich und Deine Partner, in Hotels, in Zugfahrten, Busfahrten, Sprit, Flüge und vieles mehr.

Willst du kurzfristigen Erfolg, investiere in Maschinen.
Willst du mittelfristigen Erfolg, investiere in Unternehmen.
Willst du langfristigen Erfolg, investiere in Menschen

Geld. Was für einige Menschen zu jedem Gespräch dazu gehört, ist bei anderen ein absolutes Tabu. Ich glaube, es gibt wenige Themen, die Menschen und Meinungen so sehr spalten. Für mich ist Geld weder gut noch schlecht. Geld potenziert immer nur den Charakter. Wenn Du ein mieser Typ mit einem schlechten Charakter bist, macht das Geld Dich nicht besser und Du wirst vermutlich mit mehr Geld auch mehr schlechte Dinge tun. Aber wenn Du Gutes im Sinn hast, helfen möchtest und etwas bewegen willst, wirst Du mit viel Geld ganze neue Gestaltungsmöglichkeiten in Dimensionen erleben, die einfach unbeschreiblich sind.

Geld. Es hat mich schon immer unglaublich angetrieben, irgendwann einmal die Möglichkeit zu haben, mit viel Geld einen Impact auf der Welt zu leisten. Wer viel verdient, sollte bereit sein zu teilen. Das Geld muss fließen. Egal ob Kinderheime in Südafrika, Südamerika oder die lokale Obdachlosenhilfe.

Geld. Mein erstes Geld habe ich verdient, als ich Dinge auf dem Flohmarkt und in der Fußgängerzone verkauft habe. Da saß ich als kleiner Knopf, mit sieben Jahren und habe alte Bücher, Spielekonsolen und anderes Zeug angeboten, weil ich das wollte. Zuvor hatte ich das in einer Fußgängerzone bei Leuten gesehen, die auf großen Decken saßen und ebenfalls verkauften. Meine Eltern erfüllten mir meinen Wunsch. Ich war sehr stolz, als ich ihnen mein erstes selbst verdientes Geld zeigen konnte. Außerdem spielte ich viele Instrumente – zum Beispiel zur Weihnachtszeit in der Fußgängerzone Blockflöte. Es dauerte nicht lange, bis der Hut sich füllte. Ich habe da Hunderte von Euros eingespielt. Auch mit der Klarinette performte ich ganz gut. Und dann habe ich natürlich auch Kirschen verkauft. Meine Eltern haben einen richtig großen Kirschbaum gehabt, ich pflückte sie und verpackte sie in einen Papiertrichter. Dann bot ich sie meinen Nachbarn an der Haustür für 50 Pfennig an. Als es lief, erhöhte ich den Preis auf 75 Pfennig, dann auf eine Mark und dann auf 1,50 Mark. Irgendwann unterhielten sich die Nachbarn über meine Obstlieferung und ärgerten sich über verschiedene Preise. Da war das Momentum dann leider vorbei. Niemand wollte mehr meine Kirschen kaufen.

Geld. Ich habe natürlich auch Taschengeld von meinen Eltern bekommen. Aber es ging immer noch mehr, also trug ich – als ich zwölf Jahre alt war – Zeitung aus. Somit verdiente ich 45 oder 50 Euro im Monat. Irgendwann wurde mir langweilig. Deswegen flogen die Zeitungen entweder in den See oder in irgendwelche Mülleimer. Und dann flog ich als Zeitungsausträger.

Geld. Mit 16 oder 17 habe ich dann richtig Cash gemacht. Im Fast-Food-Restaurant mit dem goldenen M. Mit 350 Euro im Monat habe ich mich damals wie der König der Welt gefühlt. Ich erinnere mich noch, wie aufgeregt ich am Anfang war. Ich brauchte ein Gesundheitszeugnis und musste auch eine Steuernummer beantragen. Ich musste mich bewerben und als ich dann angenommen wurde, dachte ich, ich hätte es geschafft. Die anfängliche Euphorie legte sich mit der Zeit und die Motivation sank.

Geld. Meine Eltern haben immer alles für mich gemacht. Sie haben mir immer alles ermöglicht. Tolle Eltern. Ich war bei jedem Auslandsaufenthalt dabei und bei jeder Klassenfahrt. Bei jeder Chorfahrt und auch bei einem Schüleraustausch in den USA. Beim Urlaub haben sie zurückgesteckt. Wir waren nie in einem Hotel mit ihnen – sondern stets mit dem Wohnwagen im Campingurlaub oder in Ferienhäusern. Doch meine Eltern haben mir nie ein negatives Gefühl zu Geld oder zu Reichtum gegeben. Sie haben auch nie gesagt, dass wir uns etwas nicht leisten könnten.

Geld. Mein Papa hat mir mit ca. 15 Jahren angefangen, mein Taschengeld auf mein Girokonto zu überweisen. Drei Jahre lang stand jeden Monat auf meinem Kontoauszug als Überweisungszweck von ihm „TG (*Taschengeld*) Geld ist nicht alles, aber es entspannt". Für diese Lehre bin ich meinem Vater unglaublich dankbar.

Geld. Was mit Geld nicht zu kaufen ist, ist Gesundheit. Ich wünsche mir, dass meine Familie, meine Freunde und alle Menschen um mich herum immer gesund sind und bleiben. Das Gleiche wünsche ich mir natürlich für Dich.

F wie Freiheit

Freiheit bedeutet für viele Menschen, sich von Dingen zu lösen, die ihnen nicht gefallen. Freiheit bedeutet aber auch, sich an Dinge zu binden, die einem guttun. Wenn mir in einem Restaurant das Essen gut schmeckt, dann kannst Du Dir sicher sein, dass ich dort immer wieder hingehe und 50 oder 100 Mal das Gleiche esse. Das ist so, wenn ich in London bin – meine Freundin kommt aus England und bevor ich anfing, mich überwiegend pflanzlich zu ernähren, besuchten wir immer ein spezielles Steakhaus.

Und auch damals als ich noch in Berlin lebte, war es genau dasselbe. Dort gab es eine Frühstücksbar – und ich bin bestimmt ein dreiviertel Jahr Morgen für Morgen dorthin gegangen und habe das gleiche Avocado-Brot und eine Acai Bowl gegessen. Einfach, weil es mir vertraut war, ich die Leute dort mochte. Wenn ich Menschen vertraue, dann bin ich wahnsinnig loyal. Das ist meine Definition von Freiheit – etwas bewusst wählen und sich nur für das Eine zu entscheiden, obwohl es noch ganz viel anderes gibt.

Freiheit bedeutet aber auch, sich grenzenlos verständigen zu können. Ich würde und werde definitiv noch mehr Sprachen lernen, einfach, weil sie der Schlüssel zu anderen Leuten und Kulturen sind. Somit habe ich die Freiheit, mich mit anderen zu connecten. Und immer wenn Du eine neue Sprache lernst, dann lernst Du automatisch auch viel über Land und Leute. Und dazu schwappt auch deren Lifestyle in Dein Leben. Wenn meine Freundin, die ich übrigens auch über das Business kennengelernt habe, bei mir ist, sind wir „happy" und die Dinge erscheinen uns „amazing". Wenn Du Spanisch lernst, dann schwingt immer Freiheit, Feuer und Temperament mit. Im Deutschen ist alles eher klar, strukturiert und durchdacht – fast schon etwas statisch. Sicherlich ist es eine enorme Herausforderung, Chinesisch zu lernen. Doch das habe ich mir ebenfalls auf die Bucketlist gesetzt. Denn ich mag asiatische Länder wie Kambodscha und Thailand – dort möchte ich noch viel mehr sehen.

Der Begriff und der Wert der Freiheit ist jedoch äußerst weitläufig. Während Freiheit für mich bedeutet, ferne Länder und Kulturen zu besuchen, verstehen andere darunter, ihren Chef mal eine Woche nicht sehen zu müssen, oder darauf zu verzichten, den Wecker zu stellen. Anderen ist es wichtig, eigene Entscheidungen zu treffen, sich nicht binden zu müssen.

Für eine große Gruppe, nämlich etwa 67 Prozent aller Menschen, die im Network-Marketing aktiv sind, spielt der Begriff Freiheit eine ganz besondere Rolle. Ich spreche von den Frauen. Ob es sich nun um die Single-Frau handelt, die nur für ihren Job lebt, weil das Geld nicht reicht, oder ob alleinerziehende Mütter sich um den Nachwuchs kümmern – und als „Familienmanagerin" den Haushalt organisieren müssen. Frauen bewegen sich in unzähligen Abhängigkeiten, arbeiten, kochen, waschen, putzen und haben dementsprechend wenig Zeit und häufig auch wenig Geld, um sich die Dinge zu leisten, die sie sich wünschen. Und genau für sie ist Network-Marketing die beste Lösung, um Geld zu verdienen und das eigene Zeitmanagement unter einen Hut zu bekommen. Die Arbeit passt sich dem Zeitplan der Frauen an. Wo gibt es so etwas sonst noch?

Um gutes Geld zu verdienen, müssen Frauen (*und Männer natürlich auch*) das Haus nicht mehr zwangsläufig verlassen. Die große weite Welt mit all den Kunden und Vertriebspartnern findet sich in den sozialen Medien wieder und kann direkt mit dem Smartphone angesteuert werden.

Frauen telefonieren gerne, sie sind in der Regel kommunikativer als Männer. Sie sind die besten Kontakter und perfekt geeignet für das

Geschäft Network-Marketing. Kein Wunder, dass in meinem Team der Bestverdienendste auch eine Frau ist. Allgemein sind Frauen für mich eigentlich die besseren Menschen. Sie haben statistisch gesehen nicht nur einen höheren IQ (*Intelligenzquotient*), sondern vor allen Dingen einen höheren EQ (*Emotionale Intelligenz*), was in der heutigen Zeit noch viel wichtiger ist. Trotzdem verdienen Frauen in Deutschland im Durchschnitt 22 Prozent weniger als Männer. Macht für mich absolut keinen Sinn. Jetzt klinge ich schon fast wie ein Feminist.

Ein letzter Gedanke zum Thema Freiheit. Es kann sich einem die Frage aufdrängen, wieso es Menschen gibt, die motiviert sind, etwas zu tun und andere Menschen, die einfach nur ihr Leben dahinplätschern lassen. Der Unterschied liegt in einem einzigen Wort: im Warum. Irgendwann habe ich mal jemanden sagen hören „You need a why that makes you cry“. Du brauchst solch ein emotionales Warum, das Dich beinahe zum Weinen bringt.

Denn in Deinem Warum findest Du den Schlüssel zu Deiner Freiheit. Dazu aber später mehr.

E wie Energie

Superhelden sind meine heimlichen Vorbilder. Warum? Sie verfügen über extrem viel Energie, sind meistens gut gelaunt, finden Lösungen, sind mutig und vertreten Werte wie Freundschaft und Gerechtigkeit. Ich bin ein richtiger Superheldenfreak. Ich trage Spiderman-Socken und schlafe in Batman-Bettwäsche. Superhelden sind fantastische Vorbilder. Sie glauben immer an das Gute und geben selbst in scheinbar aussichtsloser Lage niemals auf. Und das wirkt ansteckend. Ich versuche den Leuten in meinem Team ganz viel Energie zu geben und wenn ich mal down bin, reflektiere ich mich selber und finde zurück in die Positivität.

Diese dauerhafte Schubkraft hatte ich aber auch nicht immer, muss ich gestehen. Erst mit diesem Business ist sie mir in Fleisch und Blut übergegangen. Ich habe recht früh angefangen, Blockflöte zu spielen – mit sechs Jahren, und normalerweise spielt man Blockflöte zwei bis drei Jahre als Einsteigerinstrument. Ich habe zehn Jahre lang gespielt und war auch ziemlich gut darin. Aber eben nie der Allerbeste, weil ich nicht geübt habe.

Es war wie in der Schule. Ich war tatsächlich gut in der Schule, aber hatte eben keinen Eins-Koma-Null-Schnitt, weil ich keine Lust hatte zu lernen. Wofür auch? „Ich komme dank meiner schnellen Auffassungsgabe auch so gut durch", dachte ich mir immer.

Dann begann ich damit, Klarinette zu spielen. Hier passierte genau das Gleiche. Ich hatte Talent und mich anfangs auch voll reingehängt – aber mir ging wieder die Puste aus. Ich war wieder nicht erstklassig unterwegs. Dann spielte ich Klavier und Du ahnst es. Die volle Kraft hat gefehlt. Zwar wurde mir ein extrem musikalisches Gehör, Taktgefühl und Talent nachgesagt, doch was hatte ich von diesem Talent?

Deswegen bin ich auch kein großer Fan von „Talenten", also wirklich gar nicht. Denn ich habe im Business Menschen gesehen, die laut eigener Aussage kein Talent hatten, sich aber um 180 Grad gedreht haben, weil sie anfingen, etwas zu tun. Weil sie anfingen, sich persönlich zu entwickeln. Dein Business wächst immer proportional zu deiner Persönlichkeitsentwicklung. **Denn: Das Ergebnis für die Person die du bist, hast du schon.** Ich glaube, dass es die Masse macht. Es gibt die 10.000-Stunden Regel: Wenn Du 10.000 Stunden etwas tust, dann wirst Du Experte.

Erst in diesem Business habe ich das verstanden, weil ich es am eigenen Leib erfahren durfte. Der Anfang in dem Geschäft war wie beim Flöte spielen, Klarinette zu spielen und Klavier zu spielen. Ich war begeistert, meine Uplines haben viel Potential in mir gesehen und mir wurde Talent zugesprochen. Aber trotzdem habe ich es erstmal gegen die Wand gefahren. Und Leute um mich herum, die vielleicht nicht die gleichen Voraussetzungen hatten wie ich, sind in dem Business durch die Decke gegangen.

Hard work beats talent,
when talent doesn't work hard.

Talent können wir nicht beeinflussen, es wird meistens in der Kindheit geprägt. Im Fußball war ich nie wirklich gut (*ich bin eine absolute Katastrophe*), weil meine Eltern mich eher musikalisch gefördert haben. Andere Väter stecken ihre Jungs, sobald sie laufen können, in die Fußball-G-Jugend „Bambinis". Da war ich nie. Und doch kann man mit Fleiß einiges korrigieren. Meine Eltern haben mir viel vorgelesen. Wenn Du alle drei Tage ein neues Buch liest oder anhörst, dann wirst Du trainiert, Informationen schnell aufzunehmen und zu verarbeiten. Das kommt mir heute sehr zugute.

D wie Durststrecken & Dankbarkeit

Durch tausende Fehler habe ich dieses Business gelernt. Generell werden Niederlagen und Durststrecken immer subjektiv wahrgenommen. Damals (*wie heute übrigens auch*) habe ich mit meinen Leistungen ganz bestimmt nicht zum Durchschnitt gezählt. In meinen Anfangszeiten war ich der wahrscheinlich erfolgloseste Networker der Welt.

Als ich eingestiegen bin, habe ich in den ersten vier Monaten nichts verdient. Nullkommanichts. Nach vier Monaten erhielt ich dann die stattliche Summe von 19,86 Euro. Umgerechnet bedeutete das einen Durchschnittsverdienst von knapp vier Euro pro Monat. Stell' Dir vor, Du bist Anfang 20 und planst, Deine Freunde im gleichen Alter zu begeistern. Was erzählst Du ihnen? „Hey, ich habe hier ein Business, mit dem kannst Du 20 Euro verdienen – in vier Monaten. Stell' Dir das mal vor, Du kannst damit Deine Freundin ins Kino einladen, allerdings muss sie das Popcorn selber bezahlen."

Heute lache ich darüber, aber damals fand ich das weniger lustig. Kurz nach dieser ersten Durststrecke hatte ich dann den ersten 500-Euro-Bonus in der Tasche. In der heutigen Zeit starten viele junge Leute in unserem Business ganz anders als ich damals. Nämlich auf eine Art und Weise, mit der wir heute arbeiten. Die Zeiten und die Möglichkeiten haben sich geändert. Wir selbst kamen damals um Trial & Error – um Versuch und Irrtum – nicht herum, als wir unser Business starteten. Heute ist das Wissen verfügbar, wie man ein Geschäft richtig aufzieht. So sind mit Social Media und anderen Tools, die das Internet bereitstellt, die Gegebenheiten so günstig, wie nie zuvor, um das Business nach vorne zu treiben. Und viele junge Leute treiben das Business nach vorne.

Stichwort Durchhalten. Heute weiß ich aber auch, dass es vom größten Frust bis zum nächsthöheren Level meist kein langer Weg ist. Zwei Jahre später lernte ich folgendes: Immer dann, wenn Du am frustriertesten bist, immer dann, wenn Du das Gefühl hast, es geht nicht vorwärts, immer dann, wenn Du immer und immer wieder gegen die Wand läufst, genau dann weißt Du, dass Du kurz vor dem nächsten Level und der nächsten Lernerfahrung stehst. Wenn Du jetzt weitermachst, und eben nicht aufgibst, wirst Du Deinen nächsten Breakthrough haben.

Stell' Dir eine Treppe vor, die Du auf ein Blatt Papier zeichnest, einen waagerechten Strich nach rechts und dann einen senkrechten Strich nach oben, dann wieder einen waagerechten und dann wieder einen senkrechten Strich und so weiter. Der waagerechte Strich bezieht sich auf das Vorankommen. Der senkrechte Strich bedeutet Widerstand und Frustration auf dem Du Dich nach oben bewegst. Und wenn der Widerstand am höchsten ist am Ende des senkrechten Strichs, folgt wieder der waagerechte Strich und Du bist eine Stufe nach oben geklettert.

Im Treppenhaus beziehst Du die Kraft aus Deinen Beinen. Im Geschäft aus einer starken Persönlichkeit. Wenn Du an ihr arbeitest, Frust in Tatkraft umwandelst, Dich bewegst und dabei in positiver Stimmung Dein Team mitreißt, dann stellt sich der Erfolg unweigerlich ein.

Und ja, es kann auch Menschen geben, die das, was Du tust, überall schlechtreden.

Ich vermeide das Wort „Hater" und halte auch nicht viel davon, darüber aus folgendem Grund zu sprechen: Zeig' mir mal einen Hater, der mehr erreicht hat als Du. Der im Leben an einem besseren Punkt steht und glücklicher ist. Also ich habe noch nie einen getroffen. Deshalb macht es auch keinen Sinn, sich darüber Gedanken zu machen. Natürlich hatten wir am Anfang auch enorm viele Menschen, die das, was wir getan haben, nicht gut fanden, um es mal diplomatisch auszudrücken.

Wir waren das erste Team im deutschsprachigen Raum, das Network-Marketing so konsequent mit Social Media umgesetzt hat, wie wir es heute noch immer tun. Dementsprechend wurde auf unsere Aktivität reagiert. Irgendjemand gründete eine Facebookseite mit dem Namen „I hate" und dann den Namen unserer Firma. Dort wurden Bilder und Screenshots von unseren Posts veröffentlicht, mit schwarzen Balken über unseren Gesichtern, wo sich der Betreiber der Seite und etliche Kommentatoren über uns lustig machten. Irgendwann hatte die Seite 2.500 Gefällt-mir-Angaben. Ich habe nie erfahren, wer diese Seite ins Leben rief. Dennoch kannte ich einen großen Teil der Leute, die der Seite folgten. Wenn ich sie am Wochenende traf, sagten sie mir hallo. Viele hätten damals wahrscheinlich das Handtuch geworfen, oder sich davon runterziehen lassen. Für mich war das ganz im Gegenteil etwas absolut Positives. Es nahm mir die Illusion, dass alle Menschen gut finden müssen, was ich mache und ich trennte mich von einigen Menschen, die anscheinend negativ waren. Ich war dankbar, denn es brachte mich in meiner Persönlichkeit enorm voran und ich lernte viel.

Dankbarkeit ist generell eines der wichtigsten Dinge in meinem Leben. Es gibt so viele Gründe, um dankbar zu sein. Ich habe mir angewöhnt, jeden Morgen fünf Dinge aufzuschreiben, für die ich dankbar bin. So in den Tag zu starten, gibt Dir eine ganz andere Herangehensweise an so viele Dinge. Je mehr Du Dankbarkeit für die anscheinend kleinen Dinge in Deinem Leben empfindest, desto mehr lebst Du in einem Fülle-Denken anstatt in einem Mangel-Denken und automatisch bist Du motivierter. Dankbarkeit ist für mich eine große Quelle der Motivation.

Da wir beim Buchstaben D sind, möchte ich bereits hier – und nicht erst am Ende des Buches – etwas über Dankbarkeit schreiben. Ich bin meiner Familie für ihre absolut bedingungslose Liebe unendlich dankbar. Für alles, was sie mir ermöglicht hat und ihre Unterstützung. Für das Auffangen in schwierigen Situationen. Ich könnte mir keine bessere Familie wünschen. Natürlich bin ich meinen zwei Uplines Gezim und Timo für immer dankbar, dass sie mich an die Hand genommen haben, mir gezeigt haben, wie das Geschäft funktioniert und mich mit viel Geduld in jeder Situation unterstützt haben.

Ihr habt mein Leben für immer verändert und ohne Euch wäre ich nicht dort, wo ich bin. Und natürlich danke ich meinem Team. Allen Leadern für die teilweise sehr dynamischen und ebenso lustigen Momente. Dass wir gemeinsam wachsen, uns gegenseitig challengen und wenn es hart auf hart kommt, immer füreinander da sind. Danke an ClubW und alle, die dieses Movement so besonders machen. Dir, lieber Leser oder liebe Leserin, möchte ich ebenfalls danken, dass Du dieses Buch liest. The best is yet to come. Sei immer dankbar in jeder Situation in Deinem Leben.

C wie ClubW

Wer mir heute auf Social Media folgt, wird vor allen Dingen eine Sache immer und überall sehen. ClubW. Die Gründung von ClubW war der für unser Movement wohl signifikanteste Faktor und trug maßgeblich dazu bei, dass sich mein eigenes Business so entwickelt hat, wie ich es mir immer gewünscht hatte.

Was genau hat es mit ClubW auf sich? Die Geschichte fängt im Juni 2015 an – in dem Monat, der alles für immer veränderte. Meine Upline, zwei befreundete Sidelines und ich entschlossen uns, nach Marbella zu fliegen, um etwas Energie und Inspiration zu tanken. Dort wurden wir von einem meiner größten Mentoren zu einem Meeting eingeladen. Sein Team aus England löste bereits 2013 innerhalb unserer Firma eine wahre Revolution aus, denn sie waren (*wahrscheinlich sogar weltweit in der gesamten Industrie*) die Ersten, die ihr Business nahezu vollständig über Social Media aufbauten. Unser Gastgeber versetzte seinem Team einen gigantischen Wachstumsschub, und ich freute mich sehr darauf, ihn persönlich kennenzulernen und von ihm zu lernen. Er war es, der dafür sorgte, dass in England Zehntausende von Menschen damit begannen, ihr Leben zu verändern. Das Thema Network-Marketing mit Social Media zu befeuern, machte Sinn. Der Slogan „Wann ich will, wo ich will und mit wem ich will" wurde zur Realität. Plötzlich kamen unglaubliche Geschichten, unter anderem von alleinerziehenden Müttern auf, deren persönliche und finanzielle Situationen sich innerhalb von 24 Monaten um 180 Grad drehten.

Unser Gastgeber war äußerst bescheiden. Auf den ersten Blick unscheinbar, dann jedoch, wenn er den Raum betrat, spürte man, dass er mit seiner Energie den Raum flutete. Seine Freunde nannten ihn spaßeshalber Hobbit, da er mit seiner Größe körperlich nicht zu den Größten gehörte. Mit Sicherheit aber zu den Größten der Branche. Ich hatte gleich von Anfang an eine gute Verbindung zu ihm.

Dennoch war der Trip nach Marbella auch ein Wechselbad der Gefühle. In gewissem Maße brachten wir auch Frustration mit nach Spanien, darüber, dass das eigene Business zuhause stagnierte – das Gefühl hilflos vor dem Tipping Point zu stehen, kurz vor dem Durchbruch.

Meine Upline hatte zu diesem Zeitpunkt die höchste internationale Position und ich die höchste nationale Position im Marketingplan erreicht. Trotzdem stagnierte das Wachstum und das Business lief flach. Heute weiß ich, dass das normale Wachstumszyklen sind. Eine solche Entwicklung am eigenen Leib zu erfahren, verunsicherte mich damals aber ungemein. Dennoch spürte ich, dass uns etwas Großes bevorstand.

Viele sehr reiche Menschen verbringen ihre Zeit in Marbella. Natürlich kann so ein Luxus als unangenehm empfunden werden, wenn man sich selbst gerade klein fühlt, andererseits kann so etwas auch als inspirierende Umgebung wahrgenommen werden, weil einem verdeutlicht wird, was alles möglich wird, wenn man dranbleibt: Regelmäßig fuhren Ferraris, Lamborghinis, Aston Martins und andere Luxuskarossen im Schritttempo die enge Hafenpromenade entlang. Bei mir war es ein Mix verschiedener Gefühle.

Am Abend des ersten Tages stand eine Art „Get Together“ auf dem Plan. Wir erfrischten uns und machten uns auf den Weg in Richtung Hafenpromenade. Dort am Yachthafen in Marbella reihen sich viele nette Restaurants, Bars und Cafés aneinander – teilweise zwei- und dreistöckig – mit einer traumhaften Aussicht über den Hafen und die Boote.

Wir steuerten das Café an, das von der größten Menschentraube belagert wurde. Die Engländer sind ja bekanntlich keine Kinder von Traurigkeit – die Stimmung war gelassen und heiter. Außenstehende hätten hinter der Ansammlung der Leute wahrscheinlich kein Business-Meeting einer Company vermutet. Wir begrüßten einige der ganz wenigen Leute, die wir kannten und ich fühlte mich zugegebenermaßen auch etwas unsicher. Davon ließ ich mir aber nichts anmerken.

Ich gab mich der Situation hin, versuchte mit der Zeit lockerer zu werden und saugte einfach den Moment auf. Im oberen Stockwerk wurde eine Ansprache vorbereitet. Als auch die letzten Teilnehmer des Events oben angekommen waren, platzte der Raum sprichwörtlich aus allen Nähten. Wie es der Zufall so wollte, wurden wir Vier durch die Dynamik der Menschenmasse in eine Ecke mit Sofas geschoben, auf denen wir Platz nahmen. Ehe wir uns versahen, ließen sich dort auch die erfolgreichsten Engländer nieder. Urplötzlich saßen wir nebeneinander und gegenüber von Menschen, die wir sonst nur aus Videos und aus dem Internet kannten. Einige der erfolgreichsten Partner aus ganz Europa. Diese ganz spezielle Energie, wenn Erfolg und Positivität in der Luft liegt, war beinahe mit den Händen zu greifen, es war eine unglaublich angenehme Hitze und es knisterte förmlich.

Überall standen die Leute herum, saßen auf Treppenstufen, suchten sich kleine Vorsprünge auf denen sie standen, um etwas zu sehen. Alle richteten ihren Blick auf die Sofaecke, wo gleich etwas passieren würde. Mir kam es vor, als bewege sich die Zeit viel langsamer als sonst. Selten zuvor habe ich mich so klein wie in diesen Momenten gefühlt. Ich war extrem aufgeregt aber dankbar, dieser Veranstaltung beiwohnen zu dürfen. Als ich die anderen Drei ansah, die neben mir saßen, wusste ich, dass wir die gleichen Empfindungen teilten.

Und endlich war es so weit. Einer der Regional Manager, ein Angestellter der Firma, der mit bei diesem Retreat anwesend war, stieg auf einen Tisch, sodass ihn auch aus den hintersten Ecken des Raumes jeder sehen konnte. Er begrüßte alle, bedankte sich für das Erscheinen und eröffnete seine Rede, indem er über den Erfolg der letzten zwei Jahre sprach. Seine Worte waren unglaublich motivierend und inspirierend.

Ich hatte das Gefühl, jeder im Raum – egal ob er mit dem Business erfolgreich war oder nicht, ob er kurz oder lang dabei war – fühlte sich als ein Teil des Ganzen und war glücklich.
Und dann war es so weit. Der Regional Manager bat meinen Mentor, die Person, die für das alles hier verantwortlich war, nach vorne und kündigte an, es werde eine Überraschung geben. Einen Augenblick später löste er auf und verkündete, dass mein Mentor nun offiziell Teil des „Millionaire Clubs" sei. Das bedeutet, er habe eine Million britischer Pfund gesamt an Commission mit Network-Marketing verdient.

Der Regional Manager zeigte auf einen Fernseher, der an der Wand hing und schlagartig wurde es still. Absolutes Gänsehaut-Feeling. Es wurde ein Film abgespielt, ein Zusammenschnitt seiner engsten Leader und Freunde aus dem Business die darüber sprachen, wie dankbar sie dem ganzen Team für diese Chance waren, wie dankbar sie ihm selbst waren, dafür, dass er immer für sie da war, wenn sie ihn brauchten. Und dass sein Movement der Grund war, dass sie ein glückliches, finanziell freies und außergewöhnliches Leben führen dürfen. Vielen Gästen, männlichen und weiblichen, flossen Tränen der Rührung die Wangen herunter. Auch mir. Ich hatte eine Gänsehaut am ganzen Körper und die Temperatur im Raum brodelte. Einen so ergreifend emotionalen Moment, hatte ich selten zuvor erlebt. Und booom, plötzlich sah ich sie – meine eigene große Vision mit diesem Business.

Bisher war ich immer voller Leidenschaft gewesen, voller Begeisterung für das Business, über die Chance, mein Leben und viele andere Leben in die Veränderung, in die Verbesserung zu führen und natürlich damit auch die Möglichkeit meine eigenen Träume zu verwirklichen. Aber jetzt in diesem Moment sah ich erst das große ganze Bild. Ich sah, was dieses Business tatsächlich für mich und alle Menschen sein könnte, die ich auf dieser Reise treffen würde. Eine Community von Freunden. Eine Gemeinschaft, in der jeder seinen eigenen Platz findet und sich wohlfühlt.

Im Prinzip kehrte ich in diesem Moment zu meiner kindlichen Fantasie zurück, von der ich schon früher geträumt habe: mit einer coolen Gang auf den Spielplatz zu gehen und Spaß ohne Ende zu haben. Ich begriff, dass mir hier vor Augen geführt wurde, wie ich selbst so etwas aufbauen könnte. Was in diesem Raum passierte, wünschte ich mir für unser Team. Ich schaute die anderen an und sah, dass wir dasselbe dachten. Irgendetwas hat uns nach Marbella gezogen, weil hier das letzte Puzzleteil auf uns wartete, nach dem wir gesucht hatten. Vor meinem inneren Auge setzte sich ein Mosaik zusammen und formte ein wunderschönes und einzigartiges Gebilde.

Noch Stunden nachdem wir das Café verlassen hatten, ratterte es in unseren Köpfen. Nun wusste ich wohin wir mussten, aber noch nicht wie wir das anstellen sollten. Irgendwann in der Nacht kamen wir dann zur Ruhe.

Am nächsten Morgen wirkte die Begeisterung noch immer stark nach, wurde dann aber wieder von Frust abgelöst, als wir uns darüber unterhielten, wie wir die Erkenntnisse in für uns nutzbare Aktionen umwandeln könnten und zu keinem Ergebnis kamen. Manchmal brauchen Entwicklungen einfach ihre Zeit, um zu reifen.

Und manchmal braucht man auf die richtigen Gelegenheiten gar nicht so lange zu warten. Eine Koryphäe, selbst 25 Jahre lang aktiver Networker, hatte die Engländer nach Marbella begleitet. Wir verabredeten uns mit ihm zur Mittagszeit am Strand. Während viele Menschen Network-Marketing als „Hokuspokus“ überbewerten, das Business vergöttern oder verteufeln, brachte er auf den Punkt, dass dabei viel mehr schematisch planbar ist, als man meinen könnte. Er bemerkte ebenfalls, dass wir aufgewühlt und innerlich irgendwie zerrissen waren. Wir beschrieben unsere aktuelle Situation und gaben Auskunft darüber, dass unserem Team in Deutschland Form und Schwung fehlte. Wir waren ja nicht mehr als eine lose Gemeinschaft ohne Identifikation. Und dann erzählten wir davon, dass wir unglaublich geflasht von den Ereignissen waren, die sich einen Tag zuvor im Café abgespielt hatten. Die Energie, der Zusammenhalt, das Team Feeling.

Dann folgte ein Satz von ihm, der zur bahnbrechenden Erkenntnis für uns wurde und den ich niemals vergessen werde:

„Jungs, was Ihr braucht, ist eine Kultur. Eine Bewegung. Etwas, das größer ist, als jeder Einzelne von Euch. Etwas, das größer ist, als das gesamte Team. Ihr braucht Werte, ein gemeinsames Ziel und eine gemeinsame Vision.“

Und plötzlich verstand ich. Das, was ich am Tag zuvor fühlte, was „nur“ Emotionen waren, ergab durch die Begriffe „Movement“ und „Culture“ einen völlig neuen Kontext. Nun endlich wusste ich, was zu tun war. Ich dachte darüber nach, wie wir einen Sog erzeugen könnten, dass wirklich jeder ein Teil davon werden wollte. Den Rest des Tages steckten wir Vier unsere Köpfe zum Brainstorming zusammen. Wir produzierten reihum die lustigsten und zugleich dümmsten Namen, die wir unserem Team geben wollten.

Bis zu diesem Zeitpunkt waren wir noch als Team Bauer unterwegs – der Teamname entsprach dem Nachnamen meiner Upline. Wir hatten uns wirklich nie Gedanken über Werte oder eine Teamphilosophie gemacht. Facebook-Gruppe, Name und fertig. Rückblickend war das auch in Ordnung so.

Denn manchmal macht man sich an falscher Stelle, zu einem falschen Zeitpunkt, zu viele Gedanken über unwesentliche Themen und verliert sich dabei in Details, die einem die Zeit für das wirklich Wesentliche rauben.

Hier in Marbella jedoch war nun der Zeitpunkt gekommen, um unserem Team eine knackige Markenstory zu verabreichen. Die ersten Namen taugten alle nichts. Sie waren laut und unanständig. Lag es an der mangelnden Dringlichkeit? Wir konnten uns auf keinen gemeinsamen Namen einigen. Der gute spanische Wein spielte dabei seine ganz eigene Rolle.

Obwohl ich mir sicher war, dass genau das zu unserem Durchbruch führen würde. Immerhin hatten wir uns darauf verständigt, dass wir die Bezeichnung „Team“ zugunsten eines „Clubs“ auflösten. Ein Club übt eine magische Anziehung auf unsere Zielgruppe aus, waren wir uns sicher. Auf der einen Seite impliziert Club etwas Exklusives und schließt dabei aber niemanden aus.

Es führte alles letztendlich zu keinem produktiven Ergebnis und am nächsten Morgen ging schon wieder der Flug nach Hause. Ich war ein wenig genervt und in Sorge, dass bei unserer Ankunft daheim, das Thema unter den Teppich gekehrt werden könnte. Ich wollte die Namenssuche in Marbella abschließen.

Die einzige Frau die uns begleitete – meine beste Freundin – musste schon etwas früher zum Flughafen, da sie nach Barcelona statt nach Deutschland flog. Also machten wir uns zu Dritt auf den Weg zum Flughafen. Ich war in Gedanken verloren und zerbrach mir den Kopf. Beim Check-in kam sie. Die Sprachnachricht, die der

Anfang von etwas ganz Großem sein sollte. Meine beste Freundin war in Barcelona gelandet und schickte mir über WhatsApp eine Voice-Message die ungefähr so klang: „Lukas, ich bin gerade in Barcelona gelandet, und kurz vor der Landung habe ich ein großes W am Boden gesehen. Und dann habe ich mir gedacht: Lass uns den Club doch ClubW nennen. Das W steht für ‚Wann ich will. Wo ich will. Und mit wem ich will.' Und es steht für das Warum. Weil jeder einen ganz bestimmten und einzigartig Grund hat, warum er das Business macht. Der Slogan kann sein ‚It's all about us' – ‚Es geht um uns alle.'"

Ich musste die Sprachnachricht nur ein einziges Mal abhören. Das reichte mir vollkommen aus, um die Entscheidung zu treffen, dass es genau das war. ClubW. In dem Moment wusste ich genau, was ich wollte: Dass sich eines Tages auf Social Media jeder fragt „Was ist eigentlich dieses #ClubW"

Zurück in Deutschland hatte ich eine Event-Tour. Sieben Städte in sieben Tagen. Ich merkte, dass die anderen, mit denen ich in Marbella war, den Namen „ClubW" noch nicht völlig aufgesogen hatten und an ihn glaubten. Ich tat es umso mehr. Ich wusste, dass es einige Zeit dauern würde, die bestehende Organisation auf ClubW zu branden. Aber mein Ziel war ganz klar, dass in den nächsten 90 Tagen jeder aus dem Team wusste, was ClubW ist und sich damit identifizierte.

Also fing ich an damit. Ich erzählte jedem Partner – egal, in welcher Stadt oder zu welcher Gelegenheit ich ihn oder sie traf – von unserem neuen Movement. Ich fing damit an, jeden Post mit dem Hashtag #ClubW zu versehen und wann immer es möglich war, kursierte der Name auch auf Bildern. Wir dachten uns sogar ein Zeichen aus, bei dem wir den Mittelfinger und den Ringfinger überkreuzten und den Daumen in die Handinnenfläche zogen, sodass die Hand ein W formte. Bei jedem Bild mit mehreren Partnern forderte ich alle dazu auf, dieses Zeichen zu machen. Meine Posts auf Social Media veränderten sich. Jeder sollte zu jeder Zeit arbeiten können, das Ganze mit Freunden teilen und somit die Sichtbarkeit erhöhen. Damit wollte ich Sog erzeugen. Jeder, der mit #ClubW in Berührung kam, sollte schon bald darauf wissen, was es mit ClubW auf sich hat. Das war die Vision.

Viele Menschen in unserem Business wünschen sich ein solches Movement. So wie wir, haben die meisten am Anfang weder eine konkrete Vorstellung davon, wie es funktionieren soll, noch einen Plan davon, wieviel Energie nötig ist, um eine solche Bewegung in Gang zu setzen. Und daran scheitert es dann nicht selten. Viele geben zu früh auf – denn es dauert eine ganze Zeit, solche Strukturen zu bauen. Sie steigen aus, wenn der Widerstand größer wird.

Ein Movement zu etablieren, ist vergleichbar mit der Mission ein Auto ohne Benzin über eine Bergkuppe zu schieben. Das kostet Kraft. Und die muss aus dem Team gewonnen werden. Wenn einer allein schiebt, weil die anderen drinsitzen und lieber das Panorama genießen wollen, wird der Bewegung schon auf den ersten Metern die Puste ausgehen. Wenn aber alle sich abwechseln – sorgt der ständig neue Schub dafür, dass der Wagen auch bergauf rollt. Und ist der Gipfel, der Scheitelpunkt erst erreicht, hat das Fahrzeug so viel Bewegungsenergie nach unten, dass es sich nicht mehr aufhalten lässt. Das war die Kultur. Kultur und eine gemeinsame Mission bilden den Antrieb. Oder umgekehrt fürs bessere Verständnis:

Wenn Du eine Bewegung mit Zwang aufbauen willst, oder um Deinem Ego zu schmeicheln, kannst Du es gleich lassen. Es kann und wird niemals um Dich allein gehen. Die Werte werden getragen durch die Community und münden in einer Philosophie, die sich mit der Zeit zwar verändern darf und auch wird, denn es ist ein People Business, aber stetig und in kleinen Schritten. Und genau diese Werte müssen größer sein als Du selbst. Die starke Gemeinschaft ist der Garant dafür, dass das Energielevel gehalten werden kann, um dem Business Schub zu geben.

Nachdem ich das verstanden hatte, fokussierte ich mich mit allem, was ich tat darauf, ClubW wachsen zu sehen. Ende Juni kaufte ich mir mein erstes eigenes Auto: Einen 1er BMW für 13.000 Euro. Im Monat zuvor hatte ich eine Position bestätigt und einen einmaligen Bonus von 12.000 Euro ausgezahlt bekommen.

Es war noch kein Porsche, aber das spielte für mich zu dem Zeitpunkt eine untergeordnete Rolle. Mein erstes eigenes Auto. Selbstfinanziert, ohne einen Cent von meinen Eltern oder der Bank. Nur mit der Power aus dem Network-Marketing-Business. Ich war mal wieder der glücklichste Mensch der Welt.

Als ich den Wagen anmeldete und der Bearbeiter im Straßenverkehrsamt wissen wollte, welches Kennzeichen ich haben möchte, zögerte ich keine Sekunde. Mit LB-CW-9090 repräsentierte ich selbstverständlich auch “ClubW”.

Kurz vor Weihnachten 2015, am 17. Dezember, wollte ich endgültig Farbe bekennen. Also ließ ich mir ClubW auf den Oberarm tätowieren: Ein Bild mit aufgefächerten Spielkarten. Auf der vordersten Karte ist das ClubW-Logo zu sehen. Diese Karte ist das Ass – denn das Business wurde zu meinem Türöffner für ein Leben, in dem nahezu alles möglich wird. Statt den typischen Figuren König, Dame, Bube stehen ein W, ein M und ein S für die Anfangsbuchstaben der Vornamen meiner Eltern und meines Bruders.

Immer mehr Leute sprangen auf den Zug ClubW und wir nutzten die nächsten Teamevents und Bootcamps, um allen klarzumachen: Wir alle sind dieses Movement. Die nächsten zwölf Monate waren vor allen Dingen von unglaublichem „Hustle“ geprägt. Wir hatten ein Feuer entfacht, das so hoch loderte, dass es nicht unbemerkt blieb. Endlich konnten wir uns an die Arbeit machen und die Vision umsetzen, eine riesige internationale Community aufzubauen.

Dennoch sollte man das Business nicht unterschätzen. Leute, die vom Erfolg eines Movement hören, wollen sofort beginnen, ihr eigenes Movement zu gründen. Doch das macht zumindest am Anfang keinen Sinn. Von Null aufbauen kostet extrem viel Energie. Deswegen macht es mehr Sinn, sich bestehenden Movements anzuschließen. Sich in einem funktionierenden System zu engagieren, kann vor Frustration bewahren.

Der Gedanke „Wenn ich etwas Eigenes auf die Beine stelle, dann mache ich es richtig" ist oft eine Illusion. Eine Bewegung funktioniert ohnehin nur, wenn alle für die eine Sache einstehen. Das Ego muss draußen bleiben. Denn sonst stehst Du am Ende alleine da. Und das ist schlecht fürs Geschäft. Trotzdem müssen die Leute wissen, wofür Du stehst und welche Werte Du vertrittst. Wenn alle zusammenstehen, dann wird Großes möglich.

So wie im Februar 2018, als wir uns einen Traum erfüllten und mit einem Riesenaufgebot die erste deutschsprachige ClubW Convention auf die Beine stellten. Ein Event mit mehr als 2.000 Menschen. Das ist eine Größenordnung einer Company-Convention. Wir brandeten alles mit unserem Logo. Vom Einlassbändchen bis zum roten Teppich. Klar, einen Merchandise-Stand gab es auch. Die Bilder gingen wieder um die Welt. Dafür sorgte die acht Meter lange und drei Meter hohe ClubW-Fotowand.

Wenn es darum geht ein Movement aufzubauen, gibt es drei Säulen, die wichtig sind. Es braucht drei Systeme die dafür sorgen, dass ein Movement wächst. Prospecting, Learning und Socializing. Prospecting bedeutet, ein System, wie man neue Partner und Kunden für sein Business gewinnt und dieses System leicht von jemandem umzusetzen ist. Tägliche DMO's mit Strategien und Tools.

Learning bedeutet, ein System wie man verschiedene Dinge lehrt. Wie man das System an sich weitergibt und wie man Leadership lehrt. Das bedeutet, verschiedener Input an verschiedenen Stellen für Partner, die jeweils an einer anderen Stelle im Business stehen.

Und die dritte Säule ist ein Socializing System. Das bedeutet, eine Eventstruktur von kleinen täglichen Meetings über Online Webinare, über kleine Teammeetings und -coachings, hin zu Geschäftspräsentationen bis zu den ganz großen Bootcamps, Conventions und Teamreisen. Eine regelmäßige und kontinuierliche Möglichkeit für bestehende und neue Partner sich mit Menschen zu umgeben, die die gleichen Ziele und Interessen haben.

Alle drei Systeme sind wichtig, aber es gibt eins, welches meiner Meinung nach der Kern von allem ist. Wenn ich die Menschen frage, was sie denn denken, was am wichtigsten ist, sagen die meisten Prospecting oder Learning.

Beide sind sehr wichtig, aber Dein System, um neue Kunden und Partner zu gewinnen, kann so gut sein, wie es will und Dein System Leadership zu entwickeln ebenfalls; aber wenn Du keine Socializing-Kultur hast, wenn es nichts gibt, was Menschen wirklich anzieht und Ihnen ein gutes Gefühl gibt und eine Umgebung schafft, in der sie sich wohlfühlen, bringt Dir das alles nichts.

Deshalb ist die Socializing Struktur meiner Meinung nach die wichtigste. Denn wenn Du eine gute Teamkultur hast – mit regelmäßigen und kontinuierlichen Events von der kleinsten Ebene jeden Tag bis hin zu großen aufregenden Events –, dann entwickeln sich die beiden anderen Systeme automatisch. Denn wo viele Menschen zusammen sind, entsteht zwangsläufig immer Kreativität.

Facebook Post 8. Juni 2015:
Last working day in Marbella. Think about the last couple of

days and how many golden nuggets I can take home with me. Let's take this business to another level. Can't wait to see my team back in Germany. #ClubW

B wie Blaupause für Deinen Erfolg

Meine Lieblingsfarbe ist Blau. Und von Blaupausen war ich schon immer begeistert. Das sind Systeme, die man umsetzen kann, um in einem bestimmten Kontext erfolgreich zu werden. Wenn Du in diesem Buch einige dieser Blaupausen für Dich entdecken konntest, habe ich mein Ziel mit diesem Buch erreicht. Ich wünsche mir, dass es möglichst viele Menschen in meinem Umfeld, aus meinem Team und generell da draußen schaffen, erfolgreich und glücklich zu werden.

Es gibt den Spruch „Your vibe attracts your tribe". Deine Stimmung und so wie Du bist, zieht Leute an, die so sind wie Du. Wenn Du die Entscheidung triffst, erfolgreich zu werden und das ausstrahlst, dann kannst Du Dir sicher sein, dass Du auch die Leute finden wirst, die zu Dir passen. Es müssen übrigens nicht zwingend nur junge Menschen sein, sondern auch ältere Leute, die auf anderen Gebieten viel Erfahrung haben, die Du nutzen kannst, um Deine Orga aufzubauen. Voraussetzung sollte aber ein gewisses Energielevel sein. Menschen, die Power und Lust haben, die Welt zu verändern, werden das auch schaffen.

Wie man mehr aus seinem Leben machen kann, habe ich anhand der Geschichte in den letzten Kapiteln verdeutlicht. Es macht immer Sinn, den Status Quo infrage zu stellen und sich von Leuten nicht reinreden zu lassen, wenn man spürt, dass Network-Marketing das ist, was man machen will. Ich bin sehr jung eingestiegen, weil ich offen war für dieses System. Ich habe für mich erkannt, dass dies ein System ist, dass man lernen und studieren kann. Aber nur von der Theorie alleine bewegt sich natürlich nichts. In Aktion kommen schon.

Vielleicht hast Du das letzte 24. Kapitel gelesen und hast Dich gefragt: Kann man nur erfolgreich werden, wenn man schon immer so war? Wenn man schon diesen Eifer und die Einstellung hatte, mehr zu tun als andere von einem verlangen? Die eigenen Grenzen zu sprengen? Ist das manchen Menschen angeboren? Haben dieses Privileg manche in die Wiege gelegt bekommen? Liegt es an der Erziehung, an dem Elternhaus? Die Antwort darauf ist ganz klar nein. Lustigerweise sind verhältnismäßig oft sehr, sehr erfolgreiche Menschen, die etwas Großes bewegt haben, Leute, die aus normalen bis eher bescheidenen Verhältnissen kamen.

Aber um zu Deiner Frage zurückzukommen: Du MUSST DEFINITIV zu so jemandem werden und diese Einstellung entwickeln, um erfolgreich zu werden. Und das Schöne an diesem Business ist ja genau das: Der Erfolg und alles Drum und Dran ist gut, aber das, worum es eigentlich geht, das einzigartige ist die Person, zu der Du Dich auf dem Weg entwickelst.

Wenn wir mal ehrlich sind, dann ist der Großteil der Menschen – vor allen Dingen die jungen Menschen meiner Generation – sehr ähnlich. Unmotiviert in der Schule. Bei einer internationalen Vergleichsstudie aus dem Jahre 2016 mit 15 anderen Ländern bei denen Schüler befragt wurden, ob sie gerne zur Schule gingen, schnitt kein Land (*unter anderem Äthiopien oder Algerien*) so schlecht ab wie Deutschland.

Und ganz ehrlich: Vielleicht gehörst Du auch zu der Art von Menschen, die nie wirklich Spaß an der Schule hatten. Die sich lieber auf die Pausen gefreut haben, die ständig auf die Uhr schauten, wann es denn endlich vorbei sein würde. Die vielleicht nur mit einem Stift und einem Block bewaffnet in die Schule kamen. Die sich immer gefragt haben: Was mache ich eigentlich hier? Wenn das gerade auf Dich zutrifft, dann geht es Dir wie den meisten Menschen. Und trotzdem gibt es Menschen, die es im Geschäft draufhaben. Anscheinend durchschnittliche Menschen mit überdurchschnittlichen Ergebnissen.

Wieso haben einige einen scheinbar magischen Antrieb etwas zu tun, sind voller Energie bei der Sache, bewegen etwas und wieso gibt es viele, die lethargisch in den Tag hineinleben, voller verlorener Träume und krankhafter Prokrastination?

Meiner Meinung nach liegt der Unterschied im Warum. Der wahre Grund, der innere Antrieb, die glasklare Existenz eines Auslösers, der einen dazu bringt etwas zu tun.

Kennst DU Dein Warum? Was ist der Sinn, die Ursache oder Glaube, der Dich inspiriert, das zu tun, was Du tust? Nimm Dir mal einen Moment und höre ganz tief in Dich hinein, in Dein Inneres und denke darüber nach, warum Du tust, was Du tust.

Egal, ob Du Dir dieses Buch gekauft hast, oder es geschenkt bekommen hast. Ich bin mir sicher, Du hast irgend einen Antrieb. Nach was genau, weißt Du vielleicht selbst noch nicht so genau, und aus diesem Grund hast Du höchstwahrscheinlich auch noch nicht Dein volles Potential ausgeschöpft und bist über Deine Grenzen gegangen. Du willst mehr aus Deinem Leben machen, aber brauchst noch das letzte bisschen Antrieb, dass Du wirklich 100 Prozent gibst.

So ging es mir in der Oberstufe im Fach Mathematik. Ich war der typische Matheschüler. Die ersten vier Jahre in der Grundschule habe ich noch ganz gut hinbekommen mit einer 1 oder 2. Die ersten ein bis zwei Jahre auf dem Gymnasium überstand ich auch noch dank meiner schnellen Auffassungsgabe relativ gut. Als der Moment kam, wo eine gute Auffassungsgabe nicht mehr ausreichte, um die Unaufmerksamkeit und die Abgelenktheit eines 12-Jährigen pubertären Jungen auszugleichen, ging es mit mir und Mathematik bergab. Vielleicht kennst Du den Moment, wo der Mathelehrer irgendwas an die Tafel schreibt, und Du nur noch Bahnhof verstehst. So ging es mir ungefähr ab der 8. Klasse. Zu meiner Rettung war mein Nebensitzer einer dieser Menschen, die scheinbar diese völlig eigene Welt Mathematik und die Hieroglyphen von Zahlen verstanden. Also schrieb ich einfach jede Arbeit von ihm ab. Das Lustige war, dass ich sogar teilweise bessere Noten in den Klausuren hatte als er selber. Alles, was ich nicht abschreiben konnte, musste ich raten und hatte dadurch zufälligerweise einige Antworten richtig, die er falsch hatte.

Dementsprechend wurden meine Noten in Mathe immer schlechter. Zudem hatte ich einen Mathelehrer, mit dem ich mich absolut nicht verstand, und der mit meiner extrovertierten Art nicht zurechtkam. Meine Eltern, die immer sehr bemüht waren, dass ich gute Noten hatte und ich mich wohlfühlte, hatten irgendwann mal ein Gespräch mit diesem Lehrer. Sie sagten damals, dass sie es gerne sehen würden, dass ich die Schule mit einer 2 in Mathe abschließen würde. Mein Lehrer in der 7. Klasse, der mich nicht leiden konnte, sagte damals zu meiner Mutter: „Frau Spies, ihr Sohn Lukas wird in Mathe im Abitur nie auf eine 2 kommen. Ich schätze eher eine 3,5 und eher in die Richtung 4!“

Das war einer der ersten Gründe, die etwas in mir bewegten, aber lass’ mich darauf später zurückkommen. Ich wurde immer schlechter und in der Oberstufe wurde es dann richtig katastrophal.

Versteh’ mich nicht falsch, ich war nie ein schlechter Schüler, ich gehörte eigentlich überall zu den Besten, weil ich mich – wie schon erzählt – für vieles begeistern konnte. Nur eben nicht für Mathe. Irgendwann muss ich wohl unbewusst die Entscheidung getroffen haben, dass mir dieses Fach egal ist. Und obwohl ich große Ambitionen hatte und auch immer einen guten Schulabschluss haben wollte, da ich an den besten Universitäten studieren wollte, um irgendwann mal CEO in einer Firma zu sein, war trotzdem diese große Vision nicht stark genug, um ein Antrieb für mich zu sein, um auch entsprechend Gas zu geben.

So ist das manchmal auch im Business: Ich habe schon mit unzähligen Mamas zusammengearbeitet, die ihr Kind eigentlich als Warum jeden Tag vor sich sehen, aber dadurch trotzdem noch nicht diesen einen inneren Auslöser hatten.

Und das ist auch gar nicht schlimm. Denn jeder hat eine andere Toleranzschwelle und ganz einfach unterschiedliche Triggerpunkte. Das einzig Wichtige ist, dass Du Dir dessen bewusst sein musst und offen dafür, Dich selbst zu erfahren, offen dafür, in Dich hineinzuhorchen und Dich selbst kennen zu lernen, was Dir wichtig ist und was Deine Werte sind.

Genauso wusste ich eigentlich all die Jahre, dass ich eigentlich den Hintern hoch kriegen müsste, um nicht komplett in Mathe zu versagen und meine Ziele zu erreichen, wofür ich einen sehr guten Abschluss brauchte.

In der Oberstufe war ich dann wirklich im wahrsten Sinne des Wortes am „mathematischen Tiefpunkt“. In der Oberstufe gab es keine Noten mehr, sondern Notenpunkte. 0 Punkte war eine 6 und 15 Punkte war eine 1+. Alle anderen Fächer waren wirklich richtig gut und zweistellig. Und es kam der Tag, an dem ich in Mathe eine Klausur zurückbekam und tatsächlich 0 Punkte hatte. Ich hatte tatsächlich eine glatte Sechs. 0 Punkte zu schreiben ist ungefähr so, wie im Business völlig pleite zu sein. Ein Totalversagen. Rock bottom. Tiefer kann man eigentlich nicht fallen.

Da geschah etwas. Eigentlich war es nichts von heute auf morgen, sondern es war ein Prozess. Aber als ich diese eine Klausur zurückbekam, war ich nicht extrem traurig – sondern eher gefasst.

Bewusst. Es war der Tropfen, der das Fass zum Überlaufen brachte.

Und vielleicht bist Du gerade ebenfalls in so einem Prozess und dieses Buch ist ein Teil von diesem Prozess und vielleicht sogar etwas, das Dich noch viel näher oder genau direkt an Dein Warum bringt.

Ich hatte einen Mathelehrer, einer dieser Lehrer, dem niemand etwas Schlechtes konnte, den einfach jeder mochte und der im wahrsten Sinne des Wortes mein Leben verändert hat. Sein Name ist Herr Schmidt und ich kann Dir nicht genau sagen, wie er es geschafft hat, aber ich wollte eine Sache von ihm. Und zwar Anerkennung. Anerkennung und Aufmerksamkeit. Er hatte eine bestimmte Gewohnheit und zwar, wenn er der Klasse eine Frage stellte, nahm er fast nie die Schüler dran, die es sowieso wussten, sondern die Schüler, die ausnahmsweise mal streckten. Zu denen, die immer streckten, weil sie jede Antwort wussten und gut in Mathe waren, sagte er immer: „Sie nehmen jetzt einmal den Arm runter und dürfen nichts mehr sagen". Ich saß natürlich links hinten am letzten Tisch und in zwei Jahren sagte er es kein einziges Mal zu mir.

Er ignorierte mich vollkommen. Ich war selbstbewusst, hatte eine große Klappe, war witzig, konnte mit Charme viel bei Lehrern erreichen, aber an ihm prallte all das nur ab wie an Teflon. Ich war eine Niete, eine Nullnummer. Ich war in Mathe einer von denen, die groß brüllen, aber nichts vorzuweisen hatten. Ein Schaumschläger. Große Klappe und nichts dahinter. Eigentlich völlig paradox, da ich solche Menschen nie leiden konnte und mich in fast allen Kontexten immer bemühte, nicht so zu sein, aber ich musste mir eingestehen, in Mathe war ich tatsächlich selbst einer von Ihnen.

Da saß ich also, mit den besten Chancen im Matheabitur völlig zu versagen, mit einem Mathelehrer, nach dessen Aufmerksamkeit ich mich sehnte.

Und irgendwann traf ich eine Entscheidung. Herr Schmidt liebte Statistiken. Er stellte Statistiken über alle möglichen Dinge auf. Zum Beispiel Statistiken darüber, wie lange Beziehungen in bestimmten Altersgruppen halten. Völlig skurril – aber eben ein extremer Matheliebhaber. Und diese Besessenheit, die er ausstrahlte, diese Leidenschaft, diese Unnachgiebigkeit für eine einzige Sache, inspirierte mich unglaublich und zog mich völlig in seinen Bann. So verrückt es sich irgendwie auch anhört, er war damals ein richtiges Vorbild für mich, denn ich wollte auch eines Tages jemand sein, der seinen Job so sehr liebt und so für etwas brennt.

So ist es heute im Übrigen mit allen Menschen, die für etwas brennen. Die einfachste Art und Weise, dass Menschen Dir folgen, ist selbst für eine Leidenschaft 1.000 Prozent zu geben und das auch nach außen hin zu zeigen.

Eine Statistik, die er aufstellte, war folgende: Er sagte, dass in seinen 25 Jahren als Lehrer alle, die jemals bei ihm das Matheabitur schrieben, im Durchschnitt zwischen 0 und 3 Notenpunkte schlechter waren, als die Anmeldenote, die die Durchschnittsnote aus allen Klausuren in den letzten beiden Jahren war. Meine Anmeldenote war bis dahin ungefähr 4 Punkte. Das ist ca. eine 5 bis 6. Das bedeutete, dass laut seiner Statistik mein Abitur zwischen 4 und 1 Notenpunkte sein würde. Mangelhaft bis Ungenügend.

Also hatte mein damaliger Mathelehrer in der siebten Klasse doch recht gehabt, als er zu meiner Mutter sagte: „Lukas wird es niemals schaffen, die Schule mit einer 2 abzuschließen!“

Und genau diese drei Dinge zusammen wurden für mich zu dem

absoluten größten Warum, zu dem stärksten Antrieb, den man sich überhaupt vorstellen konnte. 1. Wollte ich von einem Vorbild wahrgenommen werden und so sein wie er. 2. Wollte ich kein Teil von einer blöden Statistik sein, ich hasste es schon immer, ein Teil von einem System zu sein und ich wollte mich sicher nicht so etwas auch noch unterordnen und 3. konnte ich unter keinen Umstände akzeptieren, dass jemand vor sechs Jahren etwas über mich sagte, was tatsächlich Realität werde sollte. Ich konnte nicht akzeptieren, dass mir jemand sagt, was ich kann und was ich nicht kann. Was ich schaffen kann im Leben.

Ich wollte es allen beweisen und natürlich wollte ich es auch mir selbst beweisen. Dass ich ein Gewinner war und ich alleine über mein Schicksal bestimmte. Also fing ich an zu arbeiten.

Von heute auf morgen fing ich an zu lernen. Ich änderte meinen kompletten Tagesablauf. Ich kaufte mir Bücher, in denen ich all das, was man für Mathematik im Abitur braucht, aufarbeiten konnte. Ich habe – glaube ich jedenfalls – 13 Jahre lang nicht einmal wirklich daheim gelernt. Ich wusste nicht einmal wie das geht.

Aber das war mir egal: Ich tat es einfach. Wenn Du etwas hast, was Dich antreibt, ist es völlig egal, ob Du etwas kannst oder nicht, Du machst es einfach.

Ich nahm sogar Nachhilfe. Meine Freunde dachten, ich wäre verrückt, als ich die gesamten Herbstferien damit verbrachte, Mathe zu lernen. Ich musste gefühlt sechs Jahre Mathe nachholen. Aber das war mir völlig egal, ich dachte überhaupt gar nicht darüber nach – ich tat es einfach. Ich hatte einzig und allein mein Ziel vor Augen. Ich war wie besessen.

Wir reden hier von einem Zeitraum von über einem Jahr, in dem ich das tat und auf sehr, sehr vieles verzichtete, aber es fühlte sich überhaupt nicht anstrengend an – ganz im Gegenteil, ich hatte großen Spaß dabei, denn ich wusste ja, wofür ich es tat.

Meine Noten wurden besser und Stück für Stück konnte ich mich am Unterricht beteiligen. Mein Mathelehrer sagte sogar einige Male zu mir, dass ich ab jetzt nichts mehr sagen dürfte und meinen Arm runternehmen musste. Meine harte Arbeit trug endlich Früchte. Es kam der Tag des Abiturs, meine Anmeldenote konnte ich bis zu dem Zeitpunkt auf 7 Punkte erhöhen, ich war bestens vorbereitet und hatte ein richtig gutes Gefühl.

Der Tag der Notenvergabe. 11 Punkte. Ich hatte es geschafft: Ich hatte die Statistik von Herr Schmidt geschlagen. Ich war um 4 Notenpunkte besser als meine Durchschnittsanmeldenote.

Ich glaube dieses Gefühl werde ich nie wieder in meinem ganzen Leben vergessen. Freunde, Stolz, Glück – alles vermischt.

Egal, wie abstrakt oder skurril Dir diese Geschichte jetzt in diesem Zusammenhang erscheinen mag, sie macht eine Sache deutlich: In dem Moment, wo Du Dein Warum gefunden hast, wirst Du unaufhaltsam. Das hat nichts mehr mit Logik zu tun. Es muss Dich emotional in Deinem Innersten so berühren, dass es zu Deinem Lebensmittelpunkt wird und Du bereit bist, alles dafür zu tun. Alles fängt mit dem Warum an. Alles. Wir tun immer genau das, was wir tun, weil wir ein Warum haben.

Wenn Du dieses Buch liest und immer noch nicht zu 100 Prozent weißt, was Du in Deinem Leben tun möchtest und warum Du das tun möchtest, ist das völlig okay. Was ich aber von Dir möchte, ist, dass Du darüber nachdenkst, was Dich inspiriert und motiviert. Was entfacht Dein Feuer, was bringt Dich dazu, wichtige Entscheidungen zu treffen und es einfach mal zu machen?

Was bringt Dich dazu, früh aufzustehen und spät ins Bett zu gehen? Was bringt Dich dazu, die Zeitschriften hinzulegen, den Fernseher auszumachen, aufzuhören Party zu machen, und endlich anzufangen, die Dinge in Dein Leben kommen zu lassen, die dafür sorgen, dass es ein außergewöhnliches Leben wird?

Deine Reise zum Erfolg und auch viel Geld zu verdienen, wird nicht einfach sein. Tatsächlich werden Zeiten kommen, die unglaublich schwer sind. Es werden Zeiten kommen, wo Du aufgeben möchtest, wo Du nachgeben möchtest, wo Du es sein lassen möchtest und genau deshalb ist das Prinzip immer mit dem Warum anzufangen so verdammt wichtig, um den Höhepunkt Deines Erfolgs zu erreichen. Dein Warum bringt Dich durch genau diese schweren Zeiten.

Als es am Anfang noch nicht so lief, überredete meine Upline mich nach vier Monaten, mit zu einer Convention nach Stuttgart zu fahren. Mehrere 1.000 Menschen waren anwesend und ich fühlte mich alles andere als wohl. Der Erfolg war noch kilometerweit entfernt und so verhielt ich mich auch. Ich saß in der letzten Reihe – und versuchte nicht aufzufallen. So klein, wie ich mich fühlte, so klein war auch meine Erwartungshaltung an diese Veranstaltung. Dennoch war ich offen für die Inhalte der Sprecher.

Einem von Ihnen gelang es, mich emotional vollständig abzuholen. Durch ihn fand ich zu meinem Warum. Der Titel seiner Rede hieß: „Einmal im Leben 100 Prozent geben“. Er sprach darüber, wie oft er in seinem Leben gut in verschiedenen Dingen war. Und wie häufig die Leute ihm Talent zugeschrieben hatten und er trotzdem nicht alles gab. Vielleicht 90 Prozent oder mehr – aber bis zu seinem Einstieg ins Network-Marketing nie 100 Prozent. Und dann stellte er dem Publikum eine Frage, die ungefähr so lautete: „Wann hast Du denn schon einmal in Deinem Leben für einen Traum, für etwas, dass sich lohnt, wirklich 100 Prozent gegeben?“

Ich war ergriffen. Ich saß da, wie erstarrt und mir rollten die Tränen über die Wangen. Hinten in der letzten Reihe. Ich hatte noch nie wirklich alles für einen Traum gegeben. Weder musikalisch, trotz meiner Fähigkeit, unterschiedliche Instrumente spielen zu können, noch bei anderen Aktivitäten.

In genau diesem Moment traf ich für mich eine sehr wichtige Entscheidung. Ich schwor mir, nie wieder in meinem Leben "Hätte ich doch nur..." zu sagen. Ich beschloss, nie wieder etwas im Nachgang zu bereuen. Ich wollte Freiheit. Ich wollte Selbstverwirklichung. Ganz ehrlich: Ich bin mir sicher, es gibt irgendetwas in Deinem Leben, wo Du heute sagst „... hätte ich doch damals nur ...", und für mich ist dies eines der schlimmsten Gefühle. Das Leben ist zu kurz für irgendwann und vor allen Dingen ist das Leben zu kurz für Kompromisse.

Durch die offene Kommunikation, die Transparenz und das Internet kann heutzutage prinzipiell jeder lernen, wie man etwas tut. Viele Leute fragen andere, die erfolgreich sind und wie man in diesem Business erfolgreich wird. Ich werde oft gefragt: Wie schafft man es, so positiv zu sein? Wie, wie, wie? Doch die wesentliche Frage vergessen die meisten und das ist die Frage nach dem Warum. Warum solltest Du irgendetwas wollen? Wenn das Warum klar ist, beantwortet sich das Wie ganz von allein.

Wenn Du keine Ahnung hast, wie Du Dein Warum finden kannst, dann bediene Dich der Strategie aus der Automobilindustrie. Sie nennt sich die Five-Why-Methode. Dabei geht es darum, Ursache und Wirkung zu bestimmen. Die Zahl 5 ist dabei nicht festgesetzt. Ob mehr als fünf oder weniger ist egal. Wesentlich ist lediglich so lange nachzuhaken, bis die tatsächliche Ursache für ein Problem gefunden ist.

Das sieht dann so aus:

Ein Auto wird in die Werkstatt geschleppt, weil es nicht anspringt.

Frage:
Warum startet das Auto nicht?

Antwort:
Weil die Batterie leer ist.

Frage:
Warum ist die Batterie leer?

Antwort:
Weil die Lichtmaschine nicht arbeitet.

Frage:
Warum arbeitet die Lichtmaschine nicht?

Antwort:
Weil der Keilriemen gerissen ist.

Frage:
Warum ist der Keilriemen gerissen?

Antwort:
Weil der Keilriemen nie getauscht wurde.

Frage:
Warum wurde der Keilriemen nie ausgetauscht?

Antwort:
Weil das Fahrzeug bisher nie bei einem Service zur Überprüfung war.

Damit ist das Problem identifiziert. Mit dieser Methode kannst Du nach den Gründen Deines Handelns forschen und abgleichen, ob Dein Handeln auch Deiner Zielvorstellung entspricht.

Und wenn wir dann das Ziel erreichen, dann brauchen wir ein neues Ziel.

Ich möchte meine privaten Notizen mit Dir teilen, die ich im 15. Mai 2015 in mein Handy tippte, als ich mir über mein großes Warum Gedanken machte.

Den Anfang bildet immer die Frage nach dem Ziel.

Hier ein Beispiel:

Frage:
Lukas, was ist Dein Ziel mit diesem Business?

Antwort:
Finanziell frei zu sein.

1. Frage:
Warum möchtest Du finanziell frei sein?

Antwort:
Damit ich mir meine Zeit komplett so einteilen kann, wie ich es möchte.

2. Frage:
Warum möchtest Du Dir Deine Zeit komplett frei einteilen?

Antwort:
Damit ich die Dinge tun kann, die mich wirklich interessieren.

3. Frage:
Warum möchtest Du die Dinge tun, die Dich wirklich interessieren?

Antwort:
Weil ich glücklich bin, wenn ich etwas mit Leidenschaft mache und woran ich Spaß habe.

4. Frage:
Warum ist es Dir wichtig glücklich zu sein?

Antwort:
Weil ich dann anderen Menschen helfen kann, ebenfalls ein glücklicheres Leben zu führen.

5. Frage:
Warum möchtest Du anderen Menschen helfen ein glücklicheres Leben zu führen?

Antwort:
Weil ich nur dieses eine Leben habe, meine Zeit begrenzt ist und ich einen positiven Fußabdruck auf der Welt für die Menschheit hinterlassen möchte.

Du siehst, wie tief es gehen und wie emotional es werden kann. In dem Moment, in dem Du Dein wahres Warum herausfindest, wirst Du nicht mehr aufzuhalten sein. Dein Warum kann sich verändern. Nein, es wird sich sogar ganz sicher verändern. Deshalb ist es wichtig immer wieder in sich hineinzuhören und zu reflektieren, um voranzukommen.

A wie Anfang

Es ist Mittwoch, der 6. Juni 2018. Ich bin auf dem Weg zum Flughafen Zürich. Natürlich bin ich mal wieder viel zu spät. Um 18:25 Uhr geht mein Flug nach Mallorca zu unserem jährlichen Leader-Incentive. Dieses ganz spezielle Incentive ist fester Bestandteil unserer Eventstruktur. Es ist etwas ganz Besonderes. Jedes Jahr kann sich jeder aus dem Team dafür qualifizieren. Das Incentive findet immer im Juni statt und jeder, der in ClubW die höchste Position im Marketingplan erreicht hat, organisiert das für sein eigenes Team.

Dafür mietet die Person eine riesige Villa auf Mallorca, Ibiza oder einem anderen sonnigen Platz am Meer, was man sonst nur aus Filmen kennt. Und jeder, der von Dezember bis Mai eine bestimmte Position erreicht, bei der man schon ein Team aufgebaut haben muss, oder alle die diese Position bereits erreicht haben und in den 6 Monaten ihren Umsatz verdoppeln, werden für vier Nächte dorthin komplett eingeladen.

Die Tage dort sind eine „Once-in-a-Lifetime-Experience". So etwas erleben wenige Menschen. Es geht dabei darum, im inspirierenden Umfeld, größere Visionen zu träumen. Die Möglichkeit, eine größere Zukunft zu kreieren und einfach das ganz große Big Picture zu bekommen. Fünf Tage mit anderen erfolgreichen Leadern in einem solchen Umfeld – grandios.

Coachings und Trainings gibt es dort nicht wirklich – bei diesen Reisen geht es um Proximity. Mit Gleichgesinnten Zeit verbringen, sich auszutauschen, andere Sichtweisen für sich zu erkennen und Energie zu tanken. Die Veränderung, die ich nach diesem Trip bei den Partnern beobachte, ist immer kaum zu glauben.

Irgendwann hat mir mal jemand gesagt: Inspiration bedeutet, Gründe zu haben, sich selbst zu motivieren. Und genau unser Incentive-Trip ist wahrscheinlich die größte Art und Weise der Inspiration, die es gibt. Dabei stehen die Menschen und das Gefühl, das man in dieser Umgebung hat, im Vordergrund.

Das erste Mal veranstalteten wir dieses Incentive-Event im Jahr 2016 – damals in einer Villa auf Mallorca. Im Jahr 2018 waren wir bereits bei vier Villen auf Mallorca angekommen und dazu zwei Villen auf Ibiza, eine in Valencia und eine in Portugal, die die Leader aus ClubW für ihre Teams jeweils gemietet hatten. Und wieder die Erinnerung

Menschen überschätzen völlig, was in einem Jahr passiert, aber unterschätzen, was in drei Jahren passieren kann.

Während ich am Airport ins Parkhaus P6 fahre, schaue ich auf die Uhr. 17:50. In zehn Minuten ist das Boarding. Ich frage mich: Wieso bin ich immer nur jedes Mal so spät dran? Als mir die Antwort durch den Kopf saust, muss ich schmunzeln: Na klar, weil das der Lifestyle ist, den ich mir immer gewünscht habe.

Ein paar Stunden vor Abflug einen Flug buchen, ohne darüber nachdenken zu müssen, ob mir jemand den Urlaub genehmigt, oder ob ich mir den Flug leisten kann. Als Kind habe ich mir immer vorgestellt, was müssen das für Menschen sein, die einfach an den Flughafen fahren und einen Flug von der großen Tafel wählen und hinfliegen, wohin sie wollen. Pure Freiheit.

Ich parke meinen Porsche Cayman GTS, den vor genau zwei Wochen abgeholt habe. Ich steige aus, hole mein Gepäck aus dem Kofferraum und gönne mir einen Augenblick, um mir dieses Auto anzusehen. Ich lächle, denn es ist kaum in Worte zu fassen, welche Begeisterung in mir aufsteigt. Dieses Auto steht für mich einfach für so viele emotionale Dinge. Einmal natürlich wegen der Tatsache, weil ich selbst einmal bei Porsche gearbeitet habe und jeden Tag mit diesen Autos, der Marke und dem Gefühl in Verbindung stand. Es steht für mich zu großen Teilen für ein Gefühl von Freiheit und Selbstverwirklichung. Mich überkommt ein Gefühl von purer Dankbarkeit, dass ich diese Möglichkeit habe, so etwas überhaupt für mich zu realisieren.

Ich renne los in Richtung Aufzug, der zu den Gates führt. Ich sehe am Security Check eine riesige Schlange, schaue auf die Uhr 18:00 Uhr BOARDING TIME, ich biege ab Richtung Fast Lane für die Business Class Fluggäste. Ich habe keine Business Class gebucht, aber hoffe, dass die Dame an der Kontrolle vor dem Security Check ein Auge zudrückt. Ich mache ihr ein Kompliment, erkläre ihr meine Situation, sie lächelt und lässt mich durch. Raus aus der Security Kontrolle und mein Blick schweift zum Bildschirm auf dem alle Flüge angezeigt werden: Hinter meinem Flug nach Mallorca steht in großen Fetten Buchstaben: GATE A35 Gate closing.

Ich nehme die Beine in die Hand und fange an zu rennen. Völlig verschwitzt laufe ich an A15 vorbei, A16, A17 und plötzlich höre ich aus den Lautsprechern: „This is the last call Palma De Mallorca for passenger Lukas Spies". Mal wieder. Völlig außer Atem komme ich am Gate an, schaffe es gerade noch die Dame an der Boardkartenkontrolle anzulächeln und schiebe mich durchs Drehkreuz. Geschafft. Schnell laufe ich durch den Durchgang ins Flugzeug und suche meinen Platz. Fensterplatz 10A direkt über den Flügeln.

Ich liebe das Fliegen. Ich erinnere mich, dass ich mit meinen Eltern noch nie gemeinsam in den Urlaub geflogen bin. Wir waren zwar oft im Urlaub, aber, wie gesagt, meistens mit dem Wohnwagen und in Zelten campen oder in Ferienwohnungen. Meine Eltern taten ihr Bestes. Sie haben mich mit einer befreundeten Familie zum Snowboarden geschickt, als ich Wintersport machen wollte und ich flog nach Kambodscha zu meiner Patentante, die damals dort arbeitete.

Ich muss ungefähr elf Jahre alt gewesen sein, als ich einmal zu meiner Mama sagte: „Alle aus der Klasse sind schon geflogen. Alle außer ich.“ Als Kind sagt man eben manchmal sehr emotionale Dinge zu seinen Eltern, wenn man noch nicht in der Lage ist zu reflektieren. Ich glaube, ich habe meine Mutter damit ein wenig verletzt. Heute sehe ich diese Dinge natürlich völlig differenziert und verstehe, dass meine Eltern ihr Möglichstes getan haben. Manchmal zieht mich meine Mama heute liebevoll damit auf, dass ich das damals zu ihr gesagt habe.

Inzwischen ist es ein Ritual geworden, dass ich ihr eine WhatsApp-Nachricht schreibe „Mama, ich fliege jetzt nach xy“, kurz bevor das Flugzeug abhebt. Ich schließe kurz die Augen und versuche zu zählen, der wievielte Flug das dieses Jahr bereits ist. Es müssen bereits über 50 sein. Ich kann es kaum glauben. Genau davon habe ich immer geträumt. Die Welt zu sehen und mit meinen Freunden gemeinsam etwas Großes aufzubauen.

Es fühlt sich fast so an, wie in einem der Romane, die ich als Kind und Jugendlicher verschlungen habe. Das Flugzeug rollt auf die Startbahn und ich höre, wie die Turbinen anfangen sich zu drehen und ich sanft in den Sitz gedrückt werde. Die Sonne scheint unglaublich hell durch das kleine Fenster und ich kneife die Augen zusammen. In meinem Kopf spule ich bereits die nächsten Tage vor.

Am meisten freue ich mich auf die Momente mit dem Team. Ich spüre, wie sich meine Mundwinkel automatisch nach außen bewegen und ich lächle, wenn ich an die Gesichter der Partner denke und an den Moment, an dem sie das Haus auf Mallorca betreten. Das ist immer ein furioser Augenblick. Ich freue mich auf das gemeinsame Kochen, das Essen und die lustigen Gespräche mit meinen besten Freunden, mit Menschen, mit denen ich gemeinsam arbeite, auf einer Wellenlänge bin, die die gleichen Träume und Ziele verfolgen, genauso einen Moment erleben. Am Ende des Tages schauen wir zurück und zählen die Momente, in denen wir glücklich waren. Ich nenne das immer den „Fast & the Furious Moment“. Jeder, der die Filmreihe liebt, kennt die Situation am Ende jedes Films, an dem ein Abenteuer geschafft wurde und die Freunde gemeinsam am Tisch sitzen und essen.

Und unterm Strich hat mir dieses Business genau das ermöglicht. Ich denke gerne an eine Situation in Las Vegas zurück, als wir gemeinsam mit über 200 Partnern aus meinem Team auf einem großen Event waren und einen unvergesslichen Ausflug hatten.

Wir mieteten über 30 Mustang Cabrios in verschiedenen Farben und fuhren gemeinsam durch die Wüste Arizonas – von Las Vegas zum Grand Canyon. Offenes Verdeck, 30 Grad und endlose Weite. Dazu ein Sonnenuntergang, der seinesgleichen sucht – inmitten dieses Weltwunders mit dem rot-schimmernden Gestein. Oder daran, wie ich mit zwei meiner Partnerinnen die Niagara-Fälle besuchte, um dort ein wunderschönes Feuerwerk zu erleben. Alleine für solche Momente lohnt sich unser Geschäft.

Es geht hier um echte Werte wie Freundschaft. Ich arbeite immer nach einem wichtigen Grundsatz: Friendship First! Das ist vermutlich der größte Change, der dafür sorgt, dass Leute in unserem Business erfolgreich werden (*Statt sich zu fragen, wie wirst DU erfolgreich, frag' Dich mal, was ist Dein Mehrwert für diese Welt. Was kannst Du tun, dass andere Menschen lachen und glücklich sind?*).

Mittlerweile ist das Flugzeug in der Luft und ich höre das leise Signal, dass die Anschnallzeichen erloschen sind. Ich hole meinen Rucksack aus der Gepäckablage und klappe meinen Laptop auf. Von einem meiner Mentoren habe ich mal folgenden Satz gehört:

„Flight time is Game time“

Man glaubt gar nicht wie produktiv man auf einem Flug sein kann und wieviel man erledigen kann, da das Flugzeug eine völlig ablenkungsfreie Zone ist. Meistens schreibe ich meine Gedanken auf, bereite eine Präsentation vor oder mache Dinge, die ich sonst immer aufschiebe. Heute ist meine Lieblingsbeschäftigung an der Reihe, die ich gefühlt schon seit einem Jahr vor mir herschiebe. Desktop aufräumen. Ich atme kurz tief durch, denke an einen meiner Lieblingssätze:

„Erfolgreiche Menschen mögen genau dieselben Aufgaben nicht, wie erfolglose Menschen. Der Unterschied ist, sie erledigen sie trotzdem“.

Dann beginne ich mit dem Aufräumen. Ich merke gar nicht, wie die Zeit verfliegt und höre den Kapitän durch die Lautsprecher ansagen, dass wir bereits in einer halben Stunde in Palma de Mallorca landen. Plötzlich runzle ich die Stirn, weil ich ein Dokument auf meinem Laptop entdecke, welches den Namen „Buchtitel“ trägt. Eine Liste mit Titeln, die ich mir irgendwann mal überlegt habe – und Ideen, die mir Freunde dafür geliefert haben. Ein Titel fällt mir sofort ins Auge.

Generation: Smartphone Millionär.

Ich blicke aus dem Fenster und versinke in Gedanken. Der Name hat irgendetwas, finde ich. Wie schon auf der ersten Seite dieses Buches erklärt, war ich nie derjenige, für den die großen Zahlen und Geldsummen alleine der ausschlaggebende Grund waren, mit dem Business anzufangen. Und eine Million an Provision mit Network-Marketing verdient zu haben, änderte diese Einstellung ebenfalls nicht für mich. Zumal bei mir kein goldener Konfetti-Regen von der Decke kam wie bei der TV Show „Wer wird Millionär“.

Was mich an diesem Titel fasziniert, ist die Assoziation, eine Million Menschen mit dem Smartphone, über Social Media zu bewegen. Eine Million Menschenleben positiv zu berühren und zu beeinflussen. Ein schönes Ziel finde ich. Es motiviert mich und ich denke, die letzten viereinhalb Jahre sind ein Fundament, auf dem man aufbauen kann, um dieses Ziel zu erreichen.

Während sich das Flugzeug im Sinkflug kurz über der Landebahn befindet, sehe ich, wie am Horizont die Sonne wie ein riesiger Feuerball im Meer zu versinken scheint. Ich kriege Gänsehaut und mich überkommt schon wieder eine Welle der Dankbarkeit. Dankbarkeit für alles, was war, jede einzelne Erfahrung, die ich machen durfte und für alle Menschen, die mich in meinem Leben bisher positiv beeinflusst haben und durch die ich lernen und wachsen konnte. Die Maschine setzt sanft auf der Landebahn auf und mir wird klar: Das war alles erst der Anfang.

„We are getting paid for creating dreams“

–

„Wir werden dafür bezahlt, um Träume zu erschaffen!